일타코치의 입시브랜딩

일타코치의 입시브랜딩

초판 1쇄 발행 | 2023년 7월 24일

지은이 | 조은수
펴낸이 | 김지연
펴낸곳 | 생각의빛

주 소 | 경기도 파주시 한빛로 70 515-501
출판등록 | 2018년 8월 6일 제 406-2018-000094호

ISBN | 979-11-6814-046-2 (03590)

원고 투고 | sangkac@nate.com

* 값 14,500원

* 생각의빛은 삶의 감동을 이끌어내는 진솔한 책을 발간하고
있습니다. 참신한 원고가 준비되셨다면 망설이지 마시고 연락
주세요.

일타코치의 입시브랜딩

조은수 지음

생각의빛

제4장 고등학교 입시 입문

제5장 탄탄한 고등학교 공부

제6장 다시한번 도전하자, 편입의 세계

제7장 엄마독립과 평생학습

열혈엄마라도 괜찮아

저는 스스로 자식 교육에 열혈엄마였음을 부끄러워하지 않습니다. 오히려 제 열정과 노력을 자랑스러워하고 잘 따라와 준 아이에게 고마움을 느낍니다. 그러나 대한민국 사회에서는 대치 키즈, 헬리콥터 맘, 극성 엄마라는 프레임으로 아이의 공부를 도와주려는 엄마의 간절함을 부정적으로 보는 것이 현실입니다. 그러나 내신 관리, 동아리 활동, 각종 수행평가, 모의고사 준비, 다가올 고교학점제에 따른 대응전략 등 입시제도를 부지런히 따라가고 공부하지 않으면 성취와 결과를 기대하기 어렵습니다. 엄마 때와는 달라도 너무 다른 입시제도는 당황스럽고, 엄마가 입시제도를 모르면 아이와의 소통 역시 불가능합니다.

중학교 시절을 어떻게 보내는지에 따라 고등학교가 결정되고 특목고,

자사고 등 상위권 고등학교의 서열화에 아이와 엄마 모두 인생 첫 좌절을 맛보게 됩니다. 물론 인생 첫 입시에서 실패했다고 모든 것이 끝나지 않고 오히려 특목고, 자사고의 최대 약점인 내신의 불리함을 커버하면서 내실 있게 준비해서 명문대를 갈 수 있습니다. 그러나 최근 핫이슈인 고교학점제의 시행으로 고교 서열화는 가시화될 것으로 보입니다. 특목고, 자사고 학생들이 일반고에 비해 공부의 질과 양이 높은 것은 부정할 수 없는 현실이니까요.

엄마는 아이의 공부를 도와주는 전략적 파트너가 되어줘야 합니다. 입시제도를 원망하고 아이에게만 맡기기에는 입시는 매우 힘들고 어려운 과정입니다. 중학생쯤 되면 대부분의 아이들이 사춘기를 겪습니다. 그 과정에서 사춘기 아이들은 안 그래도 입을 꾹 닫거나 엄마의 모든 말을 잔소리로 듣게 되는데 입시를 모르는 엄마와는 말이 통하지 않는다며 더욱 굳게 빗장을 걸어 잠그게 됩니다. 고등학교 입학 전에 진로탐색을 마치고 자신의 진로를 정해야 고등학교에 입학 후 과목 선택이나 동아리 활동에서 방향을 잡을 텐데 이제 막 고등학생이 된 아직 여리고 어린 아이가 혼자서 모든 것을 하기는 힘듭니다. 제 말을 오해하시면 안 됩니다.

'엄마가 극성맞게 따라다니면서 챙기고 간섭해라!' 가 절대 아닙니다. '혼자서는 못한다.' 가 아니라 '엄마가 도와주면 더 잘 하게 된다!' 입니다.

대한민국에서 엄마로 산다는 것은 단순히 아이를 먹이고 길러주며 우리 딸, 아들 엄마는 널 믿어! 라며 믿어주기만 해서는 안 됩니다. 저는 적극적으로 엄마들이 도와주시길 바랍니다. 혼자 하는 것보다는 이 세상에서 자녀와 가장 가까운 엄마가 아이의 조력자가 되어 진로 고민, 선택과목, 동아리 선택, 공부에 대한 고민, 학원을 어디로 갈지, 온라인 수업이 좋은지 공부를 하면 할수록 더 많아지고 깊어지는 고민을 같이 고민하고 이야기를 들어주고 같이 해결해 나가길 바랍니다. 세상에서 가장 사랑하는 엄마가 내 학습 파트너라면 아이는 천군만마를 얻은 듯 든든하고 기쁩니다.

따라서 엄마는 부지런히 입시정보를 모으고 분석하고 공부해야 합니다. 그 공부는 단순히 학원 간담회에 참석하고 자료를 받아오는 것으로 끝나선 안 됩니다. 무엇이 내 아이에게 가장 효과적인 전략인지 간절한 마음으로 공부하고 그것을 아이에 맞게 분석해야 합니다. 그리고 공부하느라 힘든 아이의 포근한 안식처가 되어준다면 그야말로 최고의 엄마가 될 것입니다.

영리하고 합리적인 체리맘

대입에 즈음해서 처음으로 입시에 대해 공부하면 아무래도 어렵습니다. 입시용어조차 생소하니까요. 그래서 좀 더 어릴 때부터 입시의 흐름을 파악하고 계시는 게 좋습니다. 요새 각종 블로그나 유튜브를 통해 엄청난 정보들이 쏟아지고 자칭 타칭 입시전문가들이 확신에 찬 목소리로 나를 따르라! 라고 합니다. 정보가 너무 많다 보면 혼란스럽고 어떤 것이 맞는지 고민이 깊어집니다. 그래서 공부해야 합니다. 그중에서 내 아이에게 필요한 것을 쏙쏙 선택하는 체리맘이 되시는 겁니다. 케이크의 체리만 얌체같이 쏙 빼먹는 것처럼 구매는 하지 않고 혜택만 챙겨가는 소비자를 체리피커라고 합니다. 우리는 이제 체리맘이 되는 겁니다. 얌체라는 부정적 뉘앙스를 들어내고 '영리한' 이란 단어를 써볼까 합니다. 넘쳐나는 입시정보를 합리적이고 영리하게 골라 내 아이에게 맞게 재창조하는 엄마! 아이와 소통하면서 교감하고 간절한 마음으로 아이의 입시를 도와주는 엄마 바로 체리맘입니다.

막막하시다구요? 불안하시다구요?

제가 도와드리겠습니다. 꾸준히 블로그와 인스타를 통해 입시정보를 공유하고 있습니다. 저는 말씀드린 대로 대치동 학원가를 휘젓고 다닌 열혈엄마였습니다. 아이는 특목중, 전국단위 자사고를 거쳐 연세대학교에 재학 중입니다. 최근 많은 입시 관련 서적, 자녀 교육책들이 서점에서 인기를 얻고 있습니다. 대부분 학원 강사나 교육계 종사자들이 쓴 책입니다. 그 분들에 비하면 제 경력은 다릅니다. 제가 자신있게 말씀드리는 차별점이 분명히 있습니다. 저는 직접 제 아이의 모든 입시를 경험한 엄마라는 것입니다. 자기 자녀의 입시를 치러 보지 않은 선생님은 엄마의 간절함을 알지 못합니다. 그 어떤 유명 선생님도 내 아이의 입시에서처럼 간절하지는 않습니다. 왜냐하면 그들은 엄마가 아니기 때문입니다.

아이의 원서를 접수하면서 피말리는 기분과 긴장감 그리고 입학 관련 서류를 셀 수 없을 만큼 확인하고 또 확인하고 최종 접수 버튼을 누를 때의 그 가슴 떨림은 지금도 생생합니다.

유명한 학습법, 과목별 공부법, 입시 전략 등 객관적으로 너무나 효과적이고 체계적인 이론들은 교육학 분야에 매우 많습니다. 하지만 모든 이론이 실전 입시에서 적용되는 것은 아닙니다. 저는 아이를 길러보지 않은 분들이 자녀교육이나 부모교육 혹은 육아 관련 강의를 하는 것이 참으로 이상합니다. 출산을 해보지 않은 분이 육아 강의를 하는 셈이지요.

그렇다면 이런 강의는 많은 사람에게 공감을 얻을 수 있을까요? 이론 상으로는 맞을지 모르나 실제로는 그렇지 않은 경우가 더 많습니다. 자녀의 입시를 치르는 과정에서 여러 가지 변수가 존재하기 때문입니다. 아이마다 너무나 다르고 엄마마다 다 다르기 때문에 그 조합은 더 많이 다르게 존재합니다.

우리의 최종 목표인 대입은 고등학교 3년간에 이루어지지 않습니다. 초중고 12년 아니, 그 이전부터 엄마와 협력을 통해 아이는 공부 이상의 공부, 공부가 확장된 학습을 하고 파트너가 되어 최선을 다해 노력합니다. 그 학습의 과정에서 아이가 가져야 하는 필수적인 요소는 안정적인 엄마와의 관계입니다. 상위권 중에서도 극상위권 아이들을 곁에서 많이 지켜본 제 경험으로 자신있게 말씀드릴 수 있습니다. 안정적이고 긍정적인 엄마와의 관계는 그 아이의 잠재력과 가능성을 더욱 활짝 펼치게 합니다. 안정적인 엄마와의 애착 관계 형성은 대인관계를 배우는 첫 번째 경험입니다. 경험이 쌓이고 긍정적인 감정이 반복되고 누적되면 아이는 긍정적인 정서를 자연스럽게 체득하게 됩니다. 이렇게 쌓인 긍정 정서는 대인관계뿐만 아니라 아이의 학습 과정에서도 매우 큰 역할을 합니다.

'공부는 해볼 만하구나.', '열심히 노력하니까 나도 되는 구나.', '나는 할 수 있을 것 같아.', '이 내용은 궁금한데 한번 알아볼까?', '이 고등학교에 진학하고 싶은 마음이 드는데 한번 도전해봐야지.'

이러한 일련의 과정들은 아이의 학습 동기를 스스로 생기게 해주고 꾸준히 노력하는 습관의 힘을 만들어 줍니다.

제 아이를 열심히 키우면서, 입시를 지원해주면서, 또한 많은 학생들을 지켜보면서 얻은 경험을 여러분께 나누려 합니다. 어떤 전략이 내 아이에게 맞는지, 효과적일지 수많은 이론과 전략들, 입시정책, 학원 홍보 문구 등에서 정말로 내 아이에게 필요한 것을 쏙쏙 골라내는 인사이트를 길러야 합니다. 입시를 치르기 전에는 안 보이던 것들이 아이의 모든 입시가 끝나고 나니 보입니다. 무엇이 진정으로 필요한지 무엇이 필요 없는지 내 아이만의 맞춤형 학습법은 엄마가 가장 잘 세팅할 수 있습니다. 앞서 말씀드렸듯이 우리는 엄마이고 엄마만큼 간절한 사람은 없으니까요. 이론만이 아닌 실전 경험이 뒷받침된 입시 전략을 또한 무엇이 중요하고 무엇을 덜어내야 하는지 차근차근 알려드리겠습니다.

제1장
대한민국에서 엄마로 살아가기

입시지옥

우리나라 학부모의 교육열은 두말하면 입이 아플 만큼 열정적이고 적극적입니다. 자녀가 잘되기를, 구체적으로는 좋은 학교에 진학하기를, 적성에 맞는 진로를 찾기를, 좋아하는 일을 하면서 행복하게 살기를 바라는 것은 모든 부모들의 바람일 것입니다. 우리나라는 이미 65세 인구가 전체 인구의 14%가 넘어 고령사회에 진입했고 마이너스 출산율을 기록했으며 당연하게도 학령인구가 점점 줄고 있습니다. 학령인구는 줄었고 대학 모집정원은 늘어났는데도 불구하고 입시는 점점 더 치열해지고 양극화가 빠르게 진행 중입니다. 참으로 이상합니다. 왜 대학 가기가 부모 세대보다 더 어려워진 것인지 입시를 모르는 부모들은 이해가 되지 않을 것입니다.

2년 여의 코로나 시국을 겪으면서 초중고 모든 세대에서 학력 격차가 심해졌습니다. 특히나 중위권이 몰락했으며 상위권 학생들은 극상위권으로, 중위권과 중하위권은 하위권으로 쏠림 현상이 일어나면서 평균적 학업성취가 현저히 떨어졌습니다. 정권이 바뀌면서 입시제도가 계속 바뀌고 있고 교육부가 새로운 입시제도를 발표할 때마다 엄마들의 고민은 깊어갑니다. 엄마들뿐 아니라 아이들의 고민도 골이 깊어집니다. 고교학점제라는 제도 시행으로 현 중학생, 더 아래로 초등학생 엄마들은 촉을 곤두세우고 있습니다. 지난 몇 년간 이슈가 되었던 외고, 자사고 폐지 논란은 자연스럽게 묻히게 되었고 고교학점제의 전면 시행은 개정에 개정을 거듭하고 있습니다. 고교학점제는 그리 간단한 문제가 아니라서 현 교육판에 미치는 파장이 매우 큽니다. 아직 시행 전이라 앞으로 지켜봐야 하겠지만 제도적으로 현 입시제도와 엇박자가 나는 부분이 없지 않고 서울과 지방간의 현실적 격차와 심지어 서울 안에서도 격차가 있음을 몸으로 경험으로 알고 있는 저로서는 걱정 반, 기대 반의 마음으로 교육부의 발표를 주시하고 있습니다.

좋은 고등학교란 무엇일까요? 매해 입시가 끝나면 교문에 자랑스럽게 플랜카드를 자랑스럽게 거는 소위 '서연고를 많이 보내는 학교'가 좋은 고등학교일까요? 생기부 활동을 위해 각종 동아리 활동과 봉사, 독서관리 등 해야 할 일은 넘쳐나고 내신 준비와 각종 수행평가 그리고 모의고사는 왜 이리 자주 돌아오는지 대한민국 고등학생은 숨이 막힙니다. 엄마들은 도와주고 싶은데 그 방법을 알지 못해 우왕좌왕하게 되고 아이가 잘하고 있는지 독촉하고 채근하게 됩니다. 아이의 공부 최종 목표이자 종착점은 결국 입시의 성공입니다. 현행 대학입시제도에서 정시가 꾸준히 늘고 있다고는 하나 여전히 수시전형이 과반수이며 수시의 가장 핵심은 완성도 있는 생활기록부입니다. 문이과 통합, 고교학점제, 계속 바뀌는 대입 전형, 학령인구 감소로 점점 불리해지는 내신등급 등 엄마 때와는 달라도 너무 다른 입시제도에 당황하고 어려움을 겪는 것이 당연합니다. 현재 중고등학생들의 부모 세대는 학력고사 이전 수능세대일 텐데요. 부모와 자녀간의 나이 차이를 대략 30년으로 본다면 엄마가 겪은 입시는 30년 전입니다. 따라서 다르지 않은 게 이상할 정도로 세월이 흘렀지만 그 당시의 사고에만 갇혀 있는 엄마들은 아이의 미래를 가이드 해줄 수 없습니다.

좋은 대학을 가기 위해선 좋은 고등학교를 가는 것이 우선이 되어 버린 현 입시제도에서 엄마가 알아야 할 것은 무엇이고 효과적으로 아이의 파트너가 되어주는 방법을, 특히나 모든 입시를 경험한 실전 노하우를 알려드리고자 합니다. 입시와 교육에 관한 책은 늘 서점에서 베스트셀러 중 하나입니다. 그러나 그 많은 책의 저자들이 모든 입시를 직접 경험하지는 않았습니다. 이론과 현장에서의 학생 지도와 실제 자신의 자녀 지도는 달라도 너무나 다릅니다. 이론과 실전은 다르다고 하지 않습니까. 이론만으로 무장된 완벽한 입시 관련 서적은 어찌 보면 노스텔지어를 꿈꾸고 바라는 것과 다르지 않습니다. 아이를 낳고 길러보지 않은 사람이 육아서를 썼다면 과연 누가 공감하고 책으로 감동을 받을까요?

멈추지 않는 사교육 열기

1월, 겨울방학 기간이 오면 대부분의 엄마들은 학원 스케줄을 꽉꽉 채우고 아이를 위해 독서실, 스터디카페 등을 등록합니다. 사교육비의 지출은 방학이 되면 그 정점을 찍습니다. 최근 기사에서 우리나라 초등고생 1인당 월 평균 사교육비가 41만 원으로 역대 최고치를 기록했다고 합니다. 사교육 총액은 26조 원을 기록했고 학생수의 감소에도 불구하고 사교육비는 역대 최고치를 경신했습니다. 특히 초등학생의 사교육비 증가가 두드러지는데 전년 대비 13% 증가했다고 합니다. 여전히 고등학생의 사교육비가 가장 큰데 46만 원이라고 발표되었습니다. 하지만 실제 비용은 훨씬 더 할 것입니다. 왜냐하면 사교육을 받지 않는 학생의 경우 0원으로 계산했기 때문에 사교육에 참여하는 학생만을 대상으로 한다면 실제로는 더 많이 지출하는 셈입니다. 과목별 사교육비 추이를 보면 영어 123,000원, 수학 116,000원, 국어 34,000원, 사회/과학 18,000원 순인데 국어 사교육비 증가율이 눈에 띕니다. 제가 늘 강조하고 강조하던 국어 공부의 중요성을 이제 학부모님들도 인지하기 시작했습니다. 코로나 시국을 거치면서 평균 학력 저하와 심각한 문해력 문제가 이슈가 되기 시작한 것으로 풀이됩니다.

　대부분의 아이들은 학교에서 많은 시간을 보내고 하루에 학원 한 개에서 많게는 두 개를 다닙니다. 필자의 경우 방학이 되면 적게는 하루 2개 하루 4개까지 학원 스케줄을 짜기도 했고, 수업 시간표상 밥 먹을 시간이 없어서 도시락을 맞추어 학원으로 보내곤 했습니다. 대치동 학원가를 가 본 적 있는 엄마들은 알 것입니다. 학원 시간에 맞추어 라이드하느라 골목까지 쭉 늘어선 차들, 무거운 학원 교재를 배낭에 맬 수 없어 바퀴달린 캐리어를 끌고 다니는 아이들, 초점 없는 눈으로 학원과 학원 사이를 분주히 걷는 것이 하루 중 유일한 운동이고, 교재로 가득찬 캐리어를 착착 테트리스처럼 쌓아주는 엘리베이터 도우미 선생님들을요. 입시의 열기는 식을 줄 모르며 엄마들의 교육열 또한 쉽게 식지 않습니다. 그렇다면 그 과정을 좀더 효율적으로, 영리하게 보내는 방법은 무엇일까요?

우리나라 교육시스템

존폐 논란이 있었던 자립형 자사고 및 외국어고를 기존 대로 유지하기로 했습니다. 서울시 교육청 홈페이지와 블로그등 각종 홍보자료가 나오면 꼭 읽어보고 분석해 보는 것이 중요한데 자율형 사립고 및 외국어고의 경쟁률은 2022년 1.3대 1까지 떨어졌습니다. 가장 정점이었던 2016년 경우 평균 경쟁률 1.94:1을 기록하기도 했습니다. 우수한 학생들이 몰리는 만큼 내신 따기가 쉽지 않지만 고교학점제 시행으로 2025년 성취평가제가 전면 도입되면 다시 인기가 높아질 거라고 조심스럽게 예측합니다. 중학교 3학년이 되면 고입 원서를 쓰느라 학교 분위기가 달아오르곤 합니다. 상위권 학생들 위주로 과고, 영재고 및 자사고, 외고의 원서를 준비하는 편이지만 상급학교로의 진학을 처음으로 고민해보는 시기인

만큼 중학교 3학년들의 열기는 고등학교 3학년의 그것에 못지 않습니다. 우리나라는 중학교까지 의무 교육을 실시하고 있으며 2022년 기준 중학교 1학년은 자유학기제를 도입하여 2023년 현재는 지필시험을 보지 않습니다. 수행평가로만 아이의 학업 역량을 평가하고 있습니다.

2016년부터 전국 중학교를 대상으로 자유학기제가 전면 시행되었는데 그동안 찬반 논란이 뜨거웠습니다. 자유학기제는 중간고사 및 기말고사 같은 지필시험을 보지 않습니다. 이제 막 초등학교를 졸업한 중학교 1학년들 중에서 학업에 대한 뚜렷한 목표가 있는 아이가 과연 얼마나 될까 궁금합니다. 시험을 보지 않기 때문에 학업성취가 쉽지 않는 형태라서 전반적인 학력 저하, 학부모의 불안심리가 생긴 것 또한 사실입니다. 입시라는 주제를 다루면 피해 갈 수 없는 진로 VS 진학의 이슈는 여전히 뜨거운 감자입니다. 진로 중심의 수업은 학생들의 자율적 학습을 도모하고 다양한 체험활동을 통해 지식과 경쟁 중심에서 벗어나 스스로 좋아하는 것을 찾고 미래사회에 필요한 역량을 준비하는 것입니다.

그러나 이 책을 읽는 엄마들은 과연 그 의미에서 자유로울 수 있을까요? 나에게 적합한 진로를 찾고 그 과정을 스스로 만들어 가는 것은 매우 의미있고 소중한 경험인 것은 맞습니다. 그러나 우리나라 입시 시스템상 내신성적과 생활기록부가 뒷받침되지 않는다면 과연 그 진로를 찾아가기 위한 상급 학교로의 진학이 가능할까요? 그렇지 않습니다. 초등학교를 막 졸업한 13살짜리 아이가 자신에게 알맞은 진로 적성을 찾고 스스로 알아가는 과정이 과연 가능할까요? 중학교 1학년 시기는 늘어난 과목만큼 다양한 지식과 정보를 교과를 통해 배우고 익히고 진로를 찾는 기초적인 능력을 갖추는 것이 중요합니다.

대부분의 중학교 신입생들은 초등학교에 비해 갑자기 늘어난 과목 수와 수업 시간, 어려워진 내용 등으로 학교생활에 적응하는데 어려움을 겪습니다. 게다가 코로나 시국 동안 비대면 수업이 일상이 되면서 대면 수업만큼의 학업 성취가 이루어지지 못했습니다. 그 시기에 반드시 배워야 하는 또래 집단과의 교류, 선생님과의 소통의 부족은 안 그래도 아직 어리고 약한 중학교 1학년을 더욱 힘들게 했습니다.

중학교 2학년이 되어 인생 처음으로 중간고사와 기말고사를 치르게 되면 아이들은 처음 겪어보는 시험 범위에 놀라고 3일 이상 보는 긴 시험 기간에 당황해서 시험 전 범위를 다 공부하지도 못한 채 시험을 맞이하는 일도 빈번합니다. 어떻게 공부를 해야 하는지 아직 체계가 잡히지도 않은 아이들에게 너무나 혹독한 시간인 것이죠. 옆에서 지켜보는 엄마도 안타깝고 답답하긴 마찬가지입니다. 어떻게 도와줘야 할지 몰라 좋다는 학원을 등록하고 숙제를 했는지 잔소리하고 불안해하며 더 좋다는 학원에 다니기 위해 레벨 테스트에 집착하고 아이를 더 몰아세우게 됩니다. 악순환이 연속되고 아이도 엄마도 참으로 힘들어집니다.

미래사회에 필요한 역량

앞으로 30년 후에는 우리 아이들이 성인이 되어 사회의 중심축이 되는 시기입니다. 따라서 우리는 30년 앞을 내다보고 예측할 수 있어야 합니다. 그래야 아이의 미래 계획을 설계하고 앞으로 유망한 직업을 선택할 수 있습니다. 4차 산업혁명이라는 거창한 단어를 쓰지 않아도 디지털, 인공지능, 빅데이터로 대표되는 현대사회의 주류는 앞으로도 지속될 예정입니다. 진로과목을 공부하고 진로탐색에 대한 기회가 엄마 때에 비해 많이 늘어나고 경험할 수 있는 기회가 많아진 것은 사실입니다. 하지만 아직은 미래의 진로를 결정하고 직업세계를 직접 경험하고 '이 분야가 나에게 딱 맞는 구나.' 라는 확신을 갖기란 현실적으로 10대 청소년들에게 쉽지 않은 일입니다.

고등학교에 가면 진로 과목과 선택 과목 결정을 해야 하는데 자신의 진로와 계열이 큰 그림으로 정해져 있지 않으면 과목 선택을 구체적으로 하기 어렵습니다. 중학교를 막 졸업한 아이가 그것을 알기는 쉽지 않습니다. 오히려 아직 모르는 게 당연하고 과목 선택이 어려운 것도 당연합니다. 진로에 맞는 과목을 선택하라는 취지에 맞춰가려면 이론상으로 중학교 3년간 진로와 희망 분야가 정해져야 합니다. 그래야 고등학교에 진학해서 우왕좌왕하지 않고 신속하게 진로를 정하고 그에 맞는 과목을 선택할 수 있지요. 그렇다면 엄마가 도움을 줘야 하는 부분이 보입니다.

엄마는 초등학교 때부터 꾸준하게 아이의 진로 탐색을 위해 다양한 체험 활동을 부지런히 하는 것이 좋습니다. 어디서 어떻게 해야 하는지 복잡하게 생각하지 않아도 됩니다. 거주하고 있는 지역의 시, 구청 홈페이지에 가면 정말 좋은 프로그램들을 볼 수 있습니다. 관공서 및 유관 시설에서 다양한 직업체험과 진로 프로그램들을 운영하고 있습니다. 나라에서 운영하는 시설들에서 다양한 프로그램을 운영 중인 것을 아직 모르는 분들이 훨씬 더 많습니다. 아이들이 직접 직업 체험을 해보고 진로 탐색을 해볼 수 있는 프로그램을 기획해 지역 주민뿐 아니라 모든 사람들이 참여할 수 있게 운영하고 있습니다. 서초구를 예로 들어 보겠습니다. 서초구청 홈페이지에 가면 제일 하단에 서울시 자치구, 관련사이트와 유관기관, 위탁기관 카테고리가 있습니다. 이중 유관기관을 클릭하면 서초문화원, 서초취업정보센터, 강남서초교육지원청, 서초 문화재단, 서초여성

일자리주식회사, 서리풀 놀이학교 등등 여러 기관이 보입니다. 다음으로 위탁기관을 클릭하면 서초구 가족센터, 반포종합사회복지관, 방배유스센터, 서초유스센터, 서초구 아버지센터 등 여러 기관들을 볼 수 있습니다. 홈페이지를 꼼꼼히 살펴보면 청소년 진로탐색 프로그램을 운영하는 기관들이 정말 다양합니다.

제가 진로 탐색 프로그램을 기획하고 있는 서초유스센터의 경우 청소년의 자기 계발과 진로 경험을 위한 동아리 지원, 환경문제에 대해 알아보는 프로그램, 학교 밖 스마트 수과학 교육 프로그램, 코딩교육, 자신의 진로 희망사항을 웹툰으로 제작해보는 실습, 가상공간 체험 프로그램 등 많은 프로그램들이 운영되고 있습니다. 조금만 검색해 보면 정말 다양한 프로그램을 지자체에서 운영하고 있는데 참여 인원은 그렇게 많지 않습니다. 그러나 한번 경험을 해본 아이와 엄마들은 이렇게 좋은 시설과 프로그램이 있는 줄 몰랐다며 놀라곤 합니다.

우리 아이 공부머리

    엄마라면 누구나 아이를 키우면서 '내 아이 특별히 뛰어난 것 아닌가?', '혹시 영재 아닐까?' 이런 생각을 해보았을 것입니다. 내 아이이기 때문에 더 특별해 보이고 눈에 더 들어오는 것이지요. 아이가 어릴수록 이런 생각을 많이 하게 되는데 점점 학년에 올라갈수록 그 영특함은 어디로 갔나 싶을 만큼 실망스럽고 공부 머리가 없다고 느끼는 경우가 많습니다. 또는 머리는 분명히 좋은 것 같은데 게을러서 혹은 공부 동기가 없어서 공부를 안 한다고 엄마들은 생각하곤 합니다.

    타고난 지능이 좋으면 공부 머리가 있는 것은 확실한 사실입니다. 지능이 높은 아이들은 대부분 집중력이 좋고 기억력도 좋은 편이라 공부가 그리 어렵지 않습니다. 그러나 지능이 높다고 해서 모든 아이가 공부를 잘하는 것은 절대 아닙니다. 수많은 극상위권 아이들을 보면서 느낀 것은 기본적으로 타고난 지능은 모두 동일한 조건입니다. 적어도 특목, 자사고, 영재고에 진학한 아이들은 기본적으로 지능이 매우 높은 편입니다. 그러나 그 안에서도 성적은 나뉘어지고 상위권, 중위권, 하위권도 존재하는 게 사실입니다. 중요한 것은 지능이 다가 아니라는 것입니다. 극상위권 아이들은 공부가 완전히 습관으로 자리 잡은 상태에서 고등학교에 진학하고 문제해결력이 높으며 회복탄력성이 높다는 공통점을 보입니다. 특목고, 자사고 학생들은 대부분 중학교에서도 매우 상위권 성적을 보였던 아이들입니다. 이 아이들은 그 어떤 시험에서도 소위 말하는 '폭망'하지 않고 일정한 범위 안에서 점수가 움직입니다. 공부에 대한 계획을 수립할 때도 자기 자신의 공부량과 속도를 잘 파악하고 있어서 시간 관리도 매우 잘하는 편입니다. 어려운 문제나 과제에도 좌절하거나 포기하기 보다는 끝까지 물고 늘어지는 근성과 집착력도 보입니다. 이 아이들의 이러한 능력은 어디에서 기반하는지를 추적해 보면 그 답을 찾을 수 있습니다.

결정형 지능 VS 유동형 지능

인간의 지능에는 결정형 지능, 유동형 지능 두 가지가 있습니다. 먼저 우리가 일반적으로 IQ라고 하는 지능은 타고 태어난 지능으로 유동형 지능입니다. 이것은 유전적 요인이 가장 크고 정보의 처리 속도, 단순 암기력, 공간지각력, 새롭고 추상적인 내용을 담당합니다. 또 한 가지 중요한 능력이 바로 집중력입니다. 머리 좋은 아이들은 대부분 집중력이 좋기 때문에 공부할 때도 남들보다 수월하게 할 수 있는 것입니다. 이에 비해 결정형 지능은 학습과 경험에 의해 축적되고 변화한다는 특징이 있습니다. 타고 태어난 유동지능은 바꿀 수 없지만 결정형 지능은 후천적 노력과 경험, 문화 등 환경적 요인으로 얼마든지 바꿀 수 있습니다. 언어력,

창의력, 문제해결 능력 등이 이에 속하는데 우리가 집중해야 하는 부분이 바로 이 결정형 지능입니다.

창의력이나 문제해결 능력, 논리적 추론능력은 결정형 지능에 속합니다. 타고 태어나는 정보처리속도나 단기 암기력 같은 유동형 지능에 비해 결정형 지능은 경험과 학습에 의해 변하게 되고 끌어올릴 수 있습니다. 후천적 환경요인의 영향을 받기 때문에 아이에 비해 어른의 결정형 지능이 더 높은 편입니다. 그만큼 삶의 경험치가 중요한 역할을 하는 것입니다. 천재들만 모인다는 영재고 아이들의 비상한 머리와 빠른 속도 즉, 유동형 지능을 따라 갈 수 없지만, 엄마가 아이보다 더 좋은 것이 바로 결정형 지능입니다.

창의력과 문화와 경험에 의해 쌓인 문제해결력, 언어력은 40대 이후에도 지속적으로 상승하고 끝없이 발전 가능성이 있다는 점을 주목해야 합니다. 최근 수학계의 노벨상이라는 필즈상을 수상한 재미동포 수학자가 화제가 되었는데요. 미국 프린스턴대 허준이 교수가 그 주인공입니다. 그는 수상 직후 인터뷰를 통해 "개인적으로는 수학은 저 자신의 편견과 한계를 이해해가는 과정이고, 좀 더 일반적으로는 인간이라는 종(種)이 어떤 방식으로 생각하고 또 얼마나 깊게 생각할 수 있는지 궁금해하는 일"이라며 "저 스스로 즐거워서 하는 일에 의미 있는 상도 받으니 깊은 감사함을 느낀다."라고 말했습니다. 허준이 교수는 유동형 지능을 타고 난 촉망받는 수학도였고 이후 시간이 흐를수록 수학을 즐기며 연구하면서 결정형 지능도 같이 올라간 것으로 보입니다. '우리 아이는 머리가 나빠서 공부를 못해요.' 라고 말하지 말고 아이의 결정형 지능을 끌어올려주는 엄마가 되어보세요. 아이를 객관적으로 바라보고 시대의 흐름을 공부하는 엄마, 적절한 학습과 경험을 쌓게 해주는 엄마가 되시길 바랍니다.

입시 애널리스트

학령기 자녀를 둔 부모의 나이를 대략 30대 후반~50대 초까지로 본다면 엄마와 아이의 찰떡 호흡을 발휘할 수 있는 기회가 바로 입시입니다. 엄마는 넓은 시야와 함께 결정형 지능을 활용하는 공부를 통해 아이의 미래를 넓고 큰 시각으로 볼 수 있습니다. 이것은 아이보다 분명히 더 뛰어난 능력이고 아이를 끌어주기 위한 중요한 역량입니다. 앞으로 20년 혹은 30년 후에 가장 각광받을 산업군이 무엇인지 알아보고 이에 따라 필요한 공부가 어느 계열인지 예측이 가능합니다. 마치 주식의 산업 섹터 영역과도 같습니다. 증권사 애널리스트들은 시대의 흐름을 파악하여 주도 산업을 전망하고 그 산업의 수혜를 입을 기업들이 어디인지 분석하여 매출액과 영업이익, 적정주가, 매수 매도를 예측합니다.

엄마 애널리스트는 입시시장에서 내 아이를 포지셔닝하고 타게팅할

뿐 아니라 목표에 도달하기 위해 끊임없이 아이를 격려하고 도와주는, 그야말로 멀티플레이어가 되어야 합니다. 이 글을 읽으시는 분들 중 갑자기 걱정이 되거나 내가 할 수 있을까 하는 불안감이 드신다면, 제일 먼저 해야 할 일이 있습니다. 바로 신문과 책을 가까이하는 것입니다. 거창하게 생각할 것 없습니다. 아이가 공부할 때 나도 같이 공부하면 됩니다. 신문을 읽고 트렌드를 읽는 책부터 시작하는 것이죠. 읽기도 꾸준히 하면 분명히 실력이 쌓입니다. 독서력이 늘어난다면 점점 더 빨리 읽을 수 있습니다. 아이에게 책 읽으라고 잔소리할 시간에 엄마가 먼저 책을 가까이하시면 됩니다. 또 한 가지 이유는 누군가가 지켜보고 있거나 그룹 활동 시 더욱 목표 달성 성취가 좋아지기 때문입니다. 혼자 목표를 노력하는 것보다는 엄마가 곁에서 같이 노력해 주고 공부해주면 훨씬 동기부여가 잘 됩니다.

우선 선제적 대응을 위해 다양한 분야의 책에 도전해 보세요. 그런 다음 내 아이에 맞는 타깃을 정하고 하나씩 공부해 보면 됩니다. 읽는 것이 힘들다면 요즘은 다양한 콘텐츠를 통해 지식과 정보를 구할 수 있습니다. 오디오북도 좋고 유튜브도 좋습니다. 내가 관심 있는 분야를 깊이 파고 공부해보세요. 이 책을 읽을 정도의 열정이 있는 분이라면 할 수 있다고 믿어 의심치 않습니다. 시작도 해보지 않고 아무것도 바라지 않기 보다는 일단 도전하고 시작해보는 것이 중요합니다.

나는 어떤 엄마인가

아이는 엄마에게, 엄마는 아이에게 이 세상의 전부입니다. 그렇다고 아이가 내 소유물이라는 말은 아닙니다. 유아기를 거치고 초등학생 중학생이 되어도 자신과 아이를 동일시하는 엄마들이 있습니다. 저 역시 그랬음을 부끄럽지만 고백합니다. 아이는 엄마에게 누구보다 소중한 존재이지만 내 소유물이 아니고 독립된 존재이기 때문에 아이의 자율성을 인정하고 존중해줘야 합니다. 말 잘 듣고 이쁘던 아이가 호르몬의 변화로 급격한 감정변화를 겪는 사춘기가 되면 아이와 엄마는 자주 다투게 됩니다. 그 이유는 바로 엄마가 여전히 아이를 자신의 일부로 혹은 동일시하기 때문입니다. 아이의 의견을 존중해 주고 아이의 이야기에 귀를 기울여야 하는 시기에 엄마는 여전히 독단적 결정과 아이의 의견을 무시한

통보를 일삼습니다. 저 역시 아이의 사춘기 동안 아이가 제 마음으로 되지 않아 무던히도 속앓이를 했고 어떻게든 아이를 계획표대로 움직이게 하기 위해 노력했지만 소용없었습니다. 오히려 더 사이가 나빠졌습니다. 아이는 엄마와의 소통을 점점 거부하기 시작했고 급기야 입을 닫아버렸습니다. 제 경우처럼 착실하게 엄마 말 잘 듣고 엄마의 계획대로 착착 움직이던 아이가 어느 날부터 엄마의 일방적 결정을 거부하고 자신의 의견을 주장하기 시작하면 엄마는 당황스럽기만 합니다. 엄마가 아이를 더 강하게 푸시하고 통제할수록 아이는 점점 더 빠져나가려 애씁니다. 아이는 이제 더 이상 엄마 품 안의 아기가 아닌 독립된 인격체이기 때문입니다.

아이의 변화에 당황하지 말고 '우리 아이가 이만큼 자랐구나.' 하고 기쁘게 아이의 변화를 받아들이셔야 합니다. 아이가 자신의 주장을 내세운다면 진심으로 집중해서 아이의 이야기에 귀 기울여주고 사소하고 아직은 부족해 보이더라도 아이의 결정과 선택을 믿어주어야 합니다. 엄마는 끊임없이 기다려주고 지켜봐주고 또 기다려야 합니다. 대체 언제까지 기다려야 하냐고 묻는다면 저는 주저없이 '평생이요.' 라고 답할 것입니다. 우리는 엄마이기 때문입니다. 아이의 말에 귀기울여 주는 것만으로 충분합니다. 아이의 효과적 소통을 원한다면 첫째로 해야 할 일은 인내심을 가지고 아이 말을 들어주는 것입니다. 엄마와의 정서적 교감을 통해 긍정적 정서를 가진 아이는 성인이 되어서도 안정적인 대인관계를 가질 확률이 높고 창의성과 끈기 그리고 높은 사회적 지능을 가질 수 있습니다.

엄마의 리더십

학습코칭 강의를 하면서 늘 첫 강의에는 엄마의 리더십을 주제로 시작합니다. 리더십이라 하면 가장 먼저 떠오르는 것이 카리스마입니다. 첫 시간에 들어가면 수강생들께 늘 같은 질문을 합니다. 리더십을 뭐라고 생각하는지 각자 정의를 내려보라고 합니다. 그러면 10명 중 8명은 카리스마라고 답을 하십니다. '카리스마' 하면 강한 권력, 힘, 통제력 같은 의미로 대부분 알고 있습니다. 또 한가지 재미있는 사실은 '엄마의 리더십'이라고 첫 화면을 띄우면 '역시 대치동 엄마들은 아이를 강하게 통제하면서 지도 하는 구나.' 라고 생각하는 경우가 많습니다. 하지만 그와는 정반대입니다. 카리스마라는 단어의 어원을 살펴보면 그리스어 '카리스'에서 그 어원을 찾을 수 있습니다. 카리스는 '신의 은총, 신이 내게 주신 특별한 선물'이라는 뜻입니다. 상대의 마음을 사로잡는 능력, 개인이 가지고 있는 고유한 특성으로 상대방을 움직일 수 있게 하는 힘을 말합니다. 즉, 카리스는 '은혜 혹은 은총'이라는 뜻으로 신이 인간에게 내린 보편적인 선물의 의미라면 카리스마는 신이 인간에게 내리는 은혜의 선물로서 '재능'을 뜻합니다. 카리스마는 타고 나는 것이 아니고 지배력을 말하지 않습니다. 오히려 다른 사람을 이롭게 하기 위한 영향력이라고 볼 수 있습니다. 학습에서 필요한 리더십이란 바로 이것입니다. 신이 주신 특별한 선물인 내 아이를 위해 부드러운 엄마 카리스마를 발휘하는 것입니다.

강하게 통제하는 억압형 엄마나 권위적인 엄마가 아닌 아이의 효과적인 학습을 통해 효율적인 결과를 도출하기 위한 과정이 부드럽고 친밀하게 이루어져야 합니다. 길고 힘든 입시에서 성공적인 결과를 내기까지 초중고 학창 생활 12년을 엄마는 전략적 파트너이자 아이의 감정을 이해해주고 다독이는 코치로서 성공적인 입시로 유도해주는 길라잡이가 되어야 합니다. 좋은 고등학교, 좋은 대학교에 진학하는 것만이 성공적인 자녀교육은 아니지만 이왕이면 아이의 잠재력과 가능성을 길러서 최대치의 학업 역량을 발휘하게 한다면 이것이야 말로 '슬기로운 엄마생활'이 될 것입니다.

개인의 고유한 재능이 잘 발휘되는 영역에서 카리스마 효과가 잘 나타납니다. 카리스마 효과는 다양하게 나타나는데 첫째로는 다른 사람을 이끄는 힘인 영향력을 발휘합니다.

둘째로 친밀성입니다. 카리스마를 발휘하는 리더들은 신뢰를 얻게 되고 그 신뢰를 바탕으로 동료와 협력할 가능성이 높습니다. 또한 구성원들에게 자신의 행동에 대한 믿음을 줍니다. 카리스마를 발휘한 리더는 구성원들이 어떠한 행동을 했을 때 발전과 효과를 만들어 낼 수 있다는 믿음까지 전달한다는 것입니다.

이 책을 읽는 독자들이라면 아마 비슷한 이유로 책을 골랐을 것이고 읽고 있을 것입니다. 영향력을 발휘하고 친밀하며 협력을 잘 할 수 있고 게다가 발전을 만들어 내는 믿음까지 주는 엄마가 되어보세요. 카리스마 효과를 잘 발휘 할 수 있는 관계는 바로 아이와 엄마입니다. 누구보다 친밀하고 서로 사랑하는 관계인데다가 영향력을 주는 대상이 바로 내 자녀라면 생각만 해도 행복합니다. 신이 내게 주신 특별한 선물과 재능이 내 아이를 위해 가장 반짝이는 것입니다.

베스트 학습 파트너

학창 시절 공부를 좀 했다고 하는 엄마들은 대부분 스스로 아이의 전 과목 선생님이 됩니다. 주도면밀한 엄마의 지도 하에 아이는 한글을 배우고 숫자와 셈을 배우고 책을 읽기 시작하고 일기도 쓰고 독후감도 씁니다. 이 시기는 아직 미숙하고 어리기 때문에 차근차근 원리를 알려주고 반복 학습을 통해야 합니다. 아이 스스로 깨우칠 때까지 도와주는 과정은 반드시 필요합니다. 초등학교 저학년 때는 아이의 일거수 일투족을 줄줄 꿰고 있고 스케줄 관리부터 친구 관계, 취미 활동이나 다양한 체험활동까지 부지런히 검색하고 비교해서 아이와 바쁘게 움직이는 경우가 많습니다. 아이는 엄마와 한 몸인 듯 움직이고 엄마의 기대에 발맞추어 주는 이쁜 짓을 합니다. 그러면서 초등 고학년쯤 되면 슬슬 아이의 과목 난이도도 올라가고 영어학원 숙제부터 수학학원, 과학학원, 논술학원 등 해야 할 양이 많아지기 시작합니다. 과목도 많아지고 공부해야 하는 양도 많아지면서 슬슬 엄마가 전 과목을 봐주기가 버거워집니다. 하지만 아직은 아이의 공부에 손을 떼기는 불안하고 이제 와서 다른 선생님에게 아이 공부를 맡기기엔 엄마의 손이 더 필요할 것만 같습니다. 여전히 엄마는 자신이 아이에게 가장 훌륭한 선생님이라고 생각합니다. 내가 아니면 안될 것 같고 아이 혼자는 부족할 것 같아 불안하기만 합니다. 주변 엄마들의 '카더라'와 학원들의 홍보문구가 점점 귀에 들어오면서 불안은 더 커지게 됩니다.

베스트 학습 파트너란 무엇일까요? 하나부터 열까지 모든 문제풀이를 도와주고 알려주며 지도해주는 만능 선생님? 절대 그렇지 않습니다. 가장 아이에게 필요한 엄마는 아이의 자기 주도력을 길러주면서 공부의 즐거움, 새로운 지식에 대한 호기심을 느끼게 해주는 엄마입니다. 혼자서 공부하는 힘, 즉 자기주도 학습은 매년 입시에서 빠지지 않는 전형요소이고 그만큼 중요합니다. 아이가 자기주도적으로 공부하기란 말처럼 그리 쉽지 않습니다. 스스로 공부하는 것이 습관이 되고 반복이 되어 학년이 올라 갈수록 새로 배우는 내용에 흥미를 느끼고 더 새로운 내용에 궁금증과 호기심이 생겨야 합니다. 공부라는 말만 들어도 머리가 아프거나 인상을 쓰는 아이는 이미 공부에 대한 부정적 감정이 가득한 것입니다.

긍정적 공부감정을 만들려면 어릴 적부터 학습 파트너인 엄마와 함께 꾸준한 훈련을 통해야 합니다. 이 과정은 절대 단시간에 이루어지지 않고 꾸준하고 천천히 이루어집니다. 공부에 있어서 호기심이란 정말 중요한 부분입니다. 넘쳐나는 과제와 선행학습에 부담감만 느끼는 아이라면 절대 호기심을 느끼지 못합니다. 엄마는 전 과목 족집게 과외선생님이나 일거수 일투족을 관리하는 매니저가 아니라 아이를 주의 깊게 관찰하고 공부라는 길을 깔아주고 그 과정에서 아이가 스스로 선택하고 결정하여 공부하게 해야 합니다. 따라서 아이가 무엇을 좋아하고 흥미를 가지는지 관찰하고 그 분야를 먼저 공부로 유도하면 좋습니다. 이 과정을 통해 호기심이 생기고 주의력이 높아지는 선순환 공부과정이 완성되는 것입니다.

제2장
중학교 입학 전 엄마의 할 일

외부시험 활용하기

요즘 초등학교에서는 지필고사를 따로 보지 않습니다. 초등과정은 배우는 과정 중심의 교육이기 때문에 결과 중심의 지필고사는 보지 않습니다. 학원을 다니는 아이라면 학원에서 주기적으로 테스트도 보고 요새 '레테'라 불리는 레벨 테스트를 통과해야 그 학원에 입학할 수 있죠. 따라서 중학생이 되어서 처음 보게 되는 공식적인 시험에 대비하기 위해서는 외부 시험을 적극 활용하기를 추천합니다. 시험을 신청하고 나면 시험을 치르기 전까지 몇 개월의 시간이 있습니다. 보통 외부 시험의 경우 방학 동안에 치러지는 경우가 많고 시험신청은 3개월 전쯤 받습니다. 한자능력시험처럼 촘촘하게 시험 일정이 있는 경우도 있지만 수학경시대회나 한국사 인증시험같이 학생들이 많이 응시하는 시험의 경우 방학에 집중되어 있습니다.

외부시험을 활용하라고 말씀드리는 이유는 학습목표와 학습의 실행,

실천의 측면에 도움이 되기 때문입니다. 또 한가지 중요한 사실은 익숙하지 않은 공간에서의 적응력입니다. 수능을 치르는 수험장이나 대입 수시전형 면접장은 익숙하지 않고 불편하고 긴장되는 공간입니다. 인간은 본능적으로 익숙하고 편한 것을 선호하고 찾게 되는데 이런 성향은 입시에서는 불리하기 짝이 없습니다. 예측 불가능하고 익숙하지 않은 공간에서의 시험력을 발휘하려면 스트레스를 조절하는 능력과 위기관리 능력이 동시에 필요합니다. 편한 내 책상, 내 방에서의 공부가 아닌 불편하고 익숙하지 않은 공간에서 내 실력을 100% 발휘하기 위해서는 의도적인 공간 적응훈련이 필요합니다. 아이의 성향에 따라 긴장을 별로 하지 않는 아이의 경우 문제가 없지만 대부분의 아이들은 시험장에서 몹시 긴장합니다. 이렇게 어렵고 불편한 상황에 대한 반복 훈련을 통해 자기조절 능력을 기를 수 있습니다. 그동안 열심히 공부한 내 실력을 긴장감과 불편함으로 인해 발휘하지 못한다면 너무나 억울합니다. 따라서 시험 성적에 연연하기보다는 아이에게 다양한 시험 공간을 체험하게 함으로써 시험이라는 제도에도 적응하고 동시에 공간에의 적응력도 기르면 좋습니다.

코로나 시국 동안 수능 시험장에서 가림막을 설치하고 시험을 치러야 했습니다. 예민한 학생의 경우 조금의 변화에도 불편해하기 때문에 가림막 첫 시행 당시 미리 비슷한 제품을 구입해서 시험 적응 연습을 일주일간 실시했습니다. 다행히 아이들은 처음에 불편해하더니 금방 적응해서 아무렇지도 않게 시험에 집중할 수 있었습니다.

내 아이 위치 파악

현행 초등학교에서는 지필고사가 없고 배우는 과정 자체에 초점을 두고 있습니다. 이 글을 쓰고 있는 2023년 1월 기준 중학교 역시 1학년은 지필고사를 보지 않고 자유학기제를 실시하고 있어서 내 아이의 수준이 어느 정도인지 파악하기 어렵습니다. 대부분 엄마들은 초등학교 성적표에 매우 잘함과 중학교 성적표의 A를 받아 들면 '내 아이가 그래도 꽤 하는구나. 못하지는 않는구나.' 하고 안심하게 됩니다. 그러나 고등학교에 가게 되면 전국단위 모의고사를 치르게 되고 그리고 절대평가가 아닌 상대평가 즉, 9등급 내신제를 적용하여 학교와 전국에서 내 아이의 수준을 매우 정확하고 신랄하게 알려줍니다.

부모 세대가 겪은 입시는 학력고사 혹은 수능 초기 제도입니다. 지금의 제도와는 달라도 너무 다릅니다. 또한 시험만 잘 보면 입시 성공이던 시절에 비해 지금은 내신 9등급제, 쏟아지는 수행평가, 서술형 문제, 각종 동아리 활동 등 챙겨야 할 것들이 너무나 많습니다. 100점을 맞았다고 해서 무조건 잘한 것이 아니고, 80점이라도 못한 것이 아닌 평가가 바로 상대평가, 등급제입니다. 등급에 대한 이해는 예비 고등엄마라면 반드시 알고 있어야 하고 그 제도의 문제점도 알고 있어야 합니다. 인원 수 부족으로 인한 유불리, 동점자 처리방식 등 불리하게 작용할 수 있는 문제점이 있기 때문입니다. 얼마 전 인기리에 방영되었던 한 드라마에서 고등학생 아이에게 '백점 맞았어?'라고 묻는 엄마를 보았습니다. 원점수인 백점은 이제 전혀 의미가 없습니다. 앞서 언급했듯이 외부시험을 경험해보면 공식적인 성적표와 아이의 구체적 숫자로 보이는 아이의 현재 위치인 성적을 접할 수 있습니다.

아이의 수준을 파악했다면 이제 해야 할 일은 타고난 강점과 성향을 파악하는 것입니다. 아이의 학습에 있어서 모든 아이에게 최고로 잘 맞는 학습법이란 단호히 말하지만 없습니다. 아이마다 개별적 성향과 특징, 강점과 부족한 부분이 다르게 존재합니다. 타고난 강점은 노력하고 개발한다고 해서 늘어나지 않는, 말 그대로 타고난 강점입니다. 성향 역시 타고나는 것이라 노력으로 잠시 바꿔지고 페르소나를 쓰듯 다른 성향으로 발현될 수는 있어도 본질은 변하지 않습니다. 강점과 성향 파악이 중요한 이유는 개별 맞춤형 학습 전략수립에 매우 효과적이라는 것입니다.

내 아이의 뇌를 들여다보자

제가 뇌신경 과학 분야에 관심을 갖고 공부를 한 이유는 학습에 직접적인 영향을 주는 뇌가 궁금했기 때문입니다. 사람마다 골격과 체형이 다르듯 뇌도 다르게 형성되고 그 다름을 이용해서 공부법에 활용하면 어떨까 하는 호기심에서 시작되었습니다. 아이마다 강점과 약점이 있기 마련인데 뇌를 가장 효과적으로 하기 위해서는 뇌의 매커니즘과 제대로 된 사용법을 알고 있어야 합니다. 뇌의 잠재력은 무궁무진하고 실제로 우리가 가진 뇌의 30%도 제대로 활용하지 못한다고 합니다. 그만큼 뇌는 내가 어떻게 사용하느냐에 따라 아웃풋이 달라지는 것입니다.

뇌를 위에서 내려다보면 제일 앞부분에 위치한 전두엽, 양쪽 옆부분에 있는 측두엽, 뒷부분에 있는 후두엽, 가운데 정수리 부분에 있는 두정

엽으로 구성되어 있습니다. 1848년 피니아스 게이지라는 미국 철도회사 직원은 작업 도중에 불의의 사고로 쇠파이프가 그의 머리를 관통하는 사고를 당하게 되었습니다. 기적적으로 살아난 그는 수술을 통해 파이프를 제거했고 정상생활로 복귀하게 되었는데, 평상시 온순하고 성실하던 그가 완전히 다른 사람이 되어버렸습니다. 그를 치료했던 의사가 이를 이상하게 여겨 공격적이고 포악해진 그를 연구하기 시작했는데 이는 바로 전두엽의 손상 때문이라는 사실을 발견하였습니다. 전두엽은 이성적 판단, 올바른 의사결정, 충동 조절, 사고력 등 뇌의 가장 핵심적인 역할을 하는데 이 부위의 치명적인 손상으로 게이지는 완전히 다른 사람이 된 것입니다.

전두엽은 뇌의 1/4나 차지할 만큼 중요한 부위입니다. 전전두엽은 판단, 창의력, 문제 해결력을 담당하며 나이가 들면 전두엽 세포는 죽지만, 전전두엽 세포는 계속 만들어집니다. 나이가 들수록 깜빡깜빡하고 기억력이 줄어들지만, 전체를 보고 핵심을 집는 판단력은 더욱 좋아지는 것입니다. 전두엽은 정보를 수용하고 분석하고 저장하는데 손상 시에는 지적 활동에 장애가 생기며 계획을 세우고 스스로 동기 부여하는 것이 어려워집니다. 무엇을 요구하거나 희망 사항을 표현할 수 없고 주의 집중력과 의욕이 떨어져 편협한 사고를 하게 되며 어떤 현상을 이해할 때 전체의 맥락을 잘 파악하지 못합니다.

각 부위별 발달 특징에 대해 알아보겠습니다.

후두엽이 발달된 아이

후두엽이 발달될수록 시각 관련 기능의 발달을 보입니다. 어떤 아이는 특정 자극을 한번 보면 모든 내용이 사진 찍듯이 한 번에 들어오기도 합니다. 표현 수단을 그림으로 그리는 것을 좋아하기도 하고 다른 아이들보다 더 시각적인 것을 잘 평가합니다. 눈으로 보고 모양을 표현하고 디자인하고 낙서하는 활동을 선호합니다. 주변의 세세한 부분까지 매우 짧은 시간 내에 파악하는 뛰어난 관찰 능력을 보입니다. 따라서 후두엽이 발달된 아이는 시각적 방식으로 기억하고자 하는 내용을 정리하면 효과적입니다. 컬러펜이나 형광펜으로 다양한 색을 사용해 표시하거나 밑줄, 다양한 별표, 도형 등을 활용하여 시각적 기억마크를 달아주면 매우 효과적입니다.

측두엽이 발달된 아이

언어 관련 기능의 발달을 보입니다. 언어를 통해 청각적으로 입력된 정보를 잘 기억하는 특징을 보이며 소리 내서 책을 읽거나 토론을 하면서 하는 수업이 효과적입니다. 듣기와 말하기 자극에 가장 빨리 반응을 하기 때문에 측두엽이 발달된 사람 중엔 동시 통역사가 많다고 합니다. 자신의 말을 들으면서 생각을 정리하기도 하고 질문을 주고 받는 방식인 유대인의 하브루타식 공부법도 매우 좋습니다. 청각적 자극에 매우 예민하므로 주변 소음에 민감할 수 있고 말하는 것을 좋아하고 수업 시에도 잘 듣고 싶어서 앞자리에 앉는 것을 선호하는 아이들이 많습니다.

두정엽이 발달된 아이

운동, 공간에 관련한 기능의 발달을 보입니다. 공간 지각력, 소근육 조작, 활동성, 운동 능력 등이 이에 해당합니다. 특별한 학습 없이도 블록쌓기나 조립을 잘하고 신체로 하는 실습 및 체험 활동을 더 잘 기억하는 특징을 보입니다. 학습을 잘하기 위해서는 설명보다는 실제 실습하고 체험하는 방식이 좋은데 책을 읽으면서 손가락을 움직이거나 동작을 함으로써 공부 내용이 몸 동작과 같이 기억됩니다. 노트 필기를 하는 등 몸을 움직이며 읽을 때 더 잘 집중할 수 있습니다. 엄마들이 기억해야 할 것은 두정엽이 발달된 아이는 바른 자세로 앉아서 공부하는 것만이 공부가 아니라는 점입니다. 이 아이들은 움직임이 활발하고 몸쓰는 것을 좋아하기 때문에 비교적 자유로운 자세로 공부하는 것이 더 편합니다. 책상에 반듯하게 앉아서 하는 것만이 열심히 하는 공부는 아니라는 점 기억해 주시기 바랍니다.

전두엽을 활성화 하려면

가장 중요한 역할을 하는 전두엽을 활성화하기 위해서 무엇이 중요한지 알아보겠습니다. 바로 편안하고 안정된 정서를 갖는 것입니다. 그러기 위해서는 부모와의 애착 정서가 잘 형성되어야 합니다. 영유아기 애착 형성 시기를 놓쳤다면 사춘기 때 다시 만회할 기회가 생깁니다. 이 시기는 전두엽이 리셋 되는 시간이기 때문에 다소 공격적이거나 감정기복 등이 생기기도 합니다. 따라서 워킹맘이었거나 기타의 이유로 영유아기 애착형성 시기를 놓친 분들은 이 시기를 반드시 주목해야 합니다.

사춘기 때에는 부모나 가족보다 무조건 친구! 친구가 제일 중요해집니다. 엄마와의 대화는 잔소리로 필터링 되고 친구의 말이 제일 귀에 들어옵니다. 아이의 발달과정을 이해하지 못하면 이 시기에 아이와 많이 다투게 됩니다. 폭발적인 성장이 이루어지는 시기이니만큼 아이들도 혼란스럽습니다. 몸의 성장과 머리의 성장이 속도가 달라져서 에너지가 부족해지고 앞뒤가 맞지 않는 말도 하고 공격적인 말로 엄마를 아프게 하기도 합니다.

아이들은 자신의 생각을 제대로 표현하는 법을 부모와의 대화를 통해 접하고 배우게 됩니다. 엄마와 대화가 잘 통하는 아이는 엄마의 말에 귀 기울이고 자신의 의견도 정확하게 표현하게 됩니다. 바로 이 과정에서 전두엽이 활성화되는 것입니다. 말을 실컷 하고 수다를 떨며 스트레스가 날아가는데 이것 역시 전두엽이 활성화되기 때문입니다. 요즘 초등학생들의 심각한 문해력 저하가 대두되고 있는데 이는 말하기가 잘 되면 저절로 해결되는 문제입니다. 잘 말할 수 있어야 잘 쓰고 읽을 수 있으며 제대로 이해할 수 있습니다

또한 다양한 체험활동, 외국어 배우기 창의적 생각과 활동하기도 전두엽 활성화에 도움이 됩니다. 새로운 자극을 통해 새로운 생각을 하게 되

고 새로운 활동을 하게 되면 이 과정에서 아이들은 성장하고 발달하게 되는 것이죠. 초등 저학년까지는 아이를 데리고 다양한 프로그램을 체험하고 많이 보고 체험하고 느끼는 것을 추천합니다. 아이가 고학년이 되면 시간도 없을 뿐 아니라 친구가 더 중요해집니다. 이때는 억지로 부모와의 시간을 강요할 것이 아니라 아이의 자율성과 성장을 인정하는 것이 좋습니다. 아이가 저학년 시기에 엄마와 소통이 잘 되었다면 고학년이 되어서도 사춘기가 되어서도 엄마와의 대화를 즐거워 할 것입니다.

뇌과학알아보기

전두엽의 중요성과 각 영역의 발달특징에 대해 간략히 살펴보았는데 좀 더 자세히 다뤄보겠습니다. 뇌의 어느 부분이 더 발달되어 있는지를 파악하는 것은 학습적인 부분에서 매우 중요합니다. 따라서 아이의 강점과 성향을 파악하고 그것을 적절히 활용하는 학습법 또한 꼭 아셔야 하기 때문에 좀더 알아보도록 하겠습니다.

순차처리세포

순차처리(Sequence)는 순서대로 일어나는 연속적인 자극을 분석하는 데 전문화된 뇌영역으로 연속적인 기능과 사실을 분석하고 순차적으로 사고하는 특징을 가집니다. 순차처리가 발달된 사람은 규칙적이고 순차적인 일을 선호하고 잘하며 구조화된 학습환경을 좋아하는 특성이 있습니다. 예측 가능한 일, 답이 정해져 있는 과목을 잘하는 경우가 많고, 성실하고 일관성 있으며 꾸준함이 특징입니다. 좌반구 우세형이 많습니다.

순차적이고 연속적인 뇌 발달로 인해 꾸준하고 교과서를 순서대로 읽는 편이고 꾸준하게 책상에 앉아 있을 수 있는 차분한 행동 특성을 가질 수 있습니다. 반복학습을 통한 정확성 확보가 효과적이며 교사나 부모의 지시나 과제에 매우 성실하게 행동하고 실천합니다. 반복학습을 통해 정확한 공식이 생기면 우수하게 학습하지만 이러한 공식은 반복과 정확성에 대한 가르침과 질문에 의해 생기게 됩니다. 모르는 것은 반드시 질문하고 넘어가는 훈련이 필요하고 좋은 학습환경이 제공되면 그만큼의 원하는 학업성취가 나오는 편입니다. 다만 스스로 어떻게 해야 할지 설계력이 다소 부족하기 때문에 엄마의 코칭이 적절히 개입되어야 합니다.

변칙처리세포

변칙처리(Random)세포가 많은 사람은 우반구 우세형입니다. 덩어리 단위 인지처리와 직감적이고 눈에 보이지 않는 사고처리에 능한 편입니다. 전체적 윤곽을 이해하는 능력이 뛰어나고 정해진 규칙보다는 변화 있는 일을 좋아하는 편입니다. 유연한 사고를 갖고 있지만 이에 비해 꾸준한 실천력이 부족하고 반복 학습을 지루해 합니다. 한 번에 여러 가지 문제와 일을 어려움 없이 한꺼번에 처리할 수 있고 국어과 같이 공식이 없는 과목을 좋아하고 잘하는 경우가 많습니다. 창의성, 동시 조합성이 강점이나 산만하고 반복행동을 꺼리는 경향이 있어 학습 시 동기부여가 매우 중요합니다. 하고 싶은 것, 좋아하는 것은 성실함이 강점인 순차처리 사람보다 2~3배 잘 할 수 있지만 하기 싫어하는 일은 여러 번의 시간과 기회가 있더라도 잘 하지 않으려 합니다. 감성적이고 즉흥적이며 순발력이 뛰어나지만, 눈에 보이지 않는 감정이 상할 때 화를 내거나 기분이 잘 상하기도 합니다.

변칙세포가 발달된 아이는 양육과정에서 가장 갈등을 겪는 그룹입니다. 구조화된 학교 시스템에서 몹시 답답해하고 엄격한 지시와 규칙을 힘들어 하기 때문인데요 오히려 이 아이들은 고등학교를 벗어나면서 공식도 없고 틀이 없는 세상에서 다양한 경험을 하며 호기심을 갖고 변화에 대처합니다. 학업 성취와 관계없이 원하는 삶에 자유롭고 창의적으로 접근할 수 있는 것이지요. 그러나 초중고 10여 년의 학령기 동안 반복되는 학습과 지시를 힘들어하고 공부에 대한 뚜렷한 동기가 없어 계속되는 학습 부진을 경험한 경우가 많기 때문에 학습된 무기력이 심리적 동기를 손상시키게 됩니다. 고등학교 졸업 후 드디어 자기 세상을 만났는데도 '나는 아무것도 잘 못하는 사람이야.' 라고 생각하며 그 능력을 발휘하지 못하는 안타까운 경우가 많습니다. 따라서 이 기질이 발달된 아이는 특징을 분명히 파악하고 대응해야 실패하지 않고 아이와의 소통도 원활하게 됩니다. 저에게 상담을 요청하는 90%의 학생이 바로 이 그룹입니다. 학교에서 모범생이라 불리는 아이들과는 확연히 다른 모습이기 때문입니다. 자유분방하고 산만해 보이는 이 아이들은 오히려 학업의 폭발적인 상승이 가장 가능한 그룹이지만 어떻게 코칭하느냐에 따라 아이의 미래는 달라집니다. 아이의 특징을 이해해주지 못하는 학교와 선생님과는 부정적인 정서만 쌓이게 되어 학습 무기력을 겪기도 합니다.

현상처리 세포

현상적 사고(Fact thinking)은 눈에 보이는 사실 감각을 기반으로 오감을 사용한 사고를 전담합니다. 현실 지향적이고 모든 일에 구체적이고 지각적으로 접근하는 편입니다. 실제로 만지고 보여지는 예술, 건축, 의학 등의 실용적 분야에 대한 관심이 높습니다. 이론보다는 경험을 통해 학습하는 특성이 강해서 선생님, 부모님 또는 책이나 경험을 통해 배운 학습과 경험을 근거로 비교하고 분석하는 것을 좋아합니다. 눈에 보이지 않는 추상적인 미래 목표보다는 현상의 과정 지향적인 특징을 보이고 이론이나 원리에 대한 추상적 개념설명은 어렵다고 느낄 수 있습니다. 새로운 개념을 학습할 때도 설명 후에 '대충 무슨 뜻인지 알겠죠?' 라고 물어보는 것은 이 아이들에게는 좋지 않습니다. 가능하면 구체적으로 Show → Help → Let의 단계를 거치는 것이 좋습니다. 즉 구체적으로 보여주고, '한번 해볼까?' 라는 피드백을 준 후, 마지막으로 혼자 할 수 있도록 해야 합니다. 뇌가 구체적인 처리에 민감해서 별거 아닌 일도 신경 쓰고 남이 눈치채지 못하고 넘어가는 부분을 크게 느끼기도 합니다. 예민하고 타인의 감정을 잘 읽는 편이라 자상한 편이고 공감능력 또한 뛰어납니다. 오감을 이용한 체험학습, 실습 중심의 실험을 선호하고 참여하고 협력하는 모둠 활동을 잘하며 이런 활동을 통해 더 잘 배우고 더 잘 기억합니다.

추상처리세포

추상적사고(Abstrct thinking)는 정보를 개념적으로 나누고 분석하고 원리적 사고를 전담합니다. 추상적 사고가 발달된 아이는 논리적, 분석적으로 사고하고 목표에 대한 전략을 구상하고 미래지향적인 일에 강한 편입니다. 구상하고 기획하고 설계 및 결정 능력이 빠르고 우수합니다. 모르는 내용을 학습할 때도 스스로 참고 도서 등을 활용하여 스스로 원리를 알아가며 연구하듯 알아가는 방식을 좋아합니다. 핵심 요약 능력이 탁월하고 시간 대비 매우 탁월한 학습성과를 내는 특징이 있습니다. 교과서 한줄 한줄 읽기 보다는 이 세포가 발달된 아이는 목차학습법이 매우 효과적인데 머릿속에서 큰 틀을 만들고 그 다음에 세부적 내용을 쌓아가는 것이 좋습니다. 따라서 너무 두껍고 양이 많은 교재보다는 핵심 내용이 정리된 교재를 먼저 공부한 후 세부적 내용이 담긴 자습서나 교과서로 공부하는 것이 좋습니다.

4가지 특성 척도 해석

각각의 성향과 특징을 바탕으로 4개의 카테고리로 분류합니다. 4가지 항목의 점수 중 가장 높은 2가지를 축으로 하여 다음과 같이 4가지 학습 유형으로 나누어 각 특징별 맞춤 학습전략을 적용하면 매우 효과적인데 특히 공부 습관을 들여가는 시기에 활용하면 특히 좋습니다.

추상 （Abstract）		
순 차 (Seq uenc e)	핵심파악능력 우수 이성적/ 합리적 추상적 연구, 탐구능력 뛰어남 혼자 문제를 해결하려 노력 원리와 개념이론 선호 장기목표 설정이 중요 논리적/ 분석적	세부적 정보처리약함 주의 집중력 부족 틀에 박힌 환경에서 어려움 창의적 학습에 관심 핵심파악과 설명이 효과적 자율적인 환경을 선호 동기부여가 매우 중요 작은 학습목표가 효과적 다양한 시청각 자료활용	변 칙 (Ran dom)
	구체적이고 세부계획표 필요 꾸준하고 실천력 우수 사실적 데이터를 좋아함 단계적 학습선호 규칙 규율중시 메모와 기록을 잘하는 편 과제물, 준비물 철저 단답형 선택형 시험에 강함 강의식 교육 선호	팀플레이선호 교사, 친구, 부모와의 친밀감 중요 사회, 역사 등의 스토리가 있는 과목을 좋아함 동기부여중요 학습 실행력 부족 마무리 약한 편 자율적 학습환경 선호 소그룹 활동 좋아함	
현상(Fact thinking)		

위의 표와 같이 아이의 특성과 성향에 맞추어서 학습전략을 짜고 대화 시에도 적용하면 좋습니다. 이 방법을 몰랐을 때와 알고 나서의 차이

는 엄청나게 큽니다. 다양한 학습 유형 검사들이 있고 각각의 특징과 장점이 있는데 이중에서 내 아이에게 가장 적합한 것이 무엇인지 파악하는 엄마의 능력 또한 필요합니다. 아이의 기질과 특성을 알아보기 전에 엄마의 특징도 어떤지 스스로 파악하는 것도 매우 중요합니다.

다시 한번 정리해보겠습니다.

	강점특성	약점특성
후두엽	남들의 시선을 의식하고 태도나 외모를 관찰하는 능력이 우수하다. 남들이 방향을 물을 때도 그들이 보았던 시각이미지를 떠올리며 설명한다. 색칠하기. 디자인하기, 낙서하기등을 좋아한다. 그림, 표, 지도 등을 잘 이해하고 기억한다 시각적 마크나 형광펜 등을 이용하며 글을 빨리 읽는다.	말하기나 몸을 움직이는 활동을 좋아하지 않는다.
측두엽	누가 길을 물어보면 주로 말로 설명한다 듣거나 토론을 좋아하며 소음에 민감하다 일하면서 중얼거리는 습관이 있다 듣고 말하는 활동을 좋아하고 대화나 강의를 통해 익히고 기억한다 .	시각적 관찰력이 낮고 활동성이 낮지만 차분하다.
두정엽	감정을 동작이나 제스쳐로 나타낼 수 있고 움직이고 활동하는 성향이 강하다. 사물을 조작하거나 움직이면서 하는 활동을 선호한다.	가만히 앉아서 공부하기 어려우며 산만한 편 관찰력이 낮고 읽고 듣거나 말하기가 약할 수 있다.

아이와의 소통이 무엇보다 중요한 이유

엄마들의 정보력. 아빠의 무관심. 할아버지의 재력이 아이의 공부를 좌우한다는 농담 아닌 농담이 십수 년째 도는 걸 보면 여전히 엄마의 정보력은 중요한 요소인 것은 맞아 보입니다. 그러나 힘들게 얻은 대입, 고입의 고급 정보를 아이와 공유하려면 아이와의 좋은 관계가 필수입니다. 아이와의 활발한 소통 없이는 엄마의 노력은 의미 없는 활동에 그치고 맙니다. 공부를 엄마가 한다면 본인이 직접 정보를 체득하고 실행하면 됩니다. 하지만 공부는 엄마가 아닌, 아이가 하는 것입니다. 아이의 공부에 도움이 되는 정보를 얻고 분석하고 적용하기 위해서는 첫째도 소통 둘째도 효과적인 소통입니다. 이것은 단기간에 형성되지 않으며 꾸준히 교감하고 긍정적 정서관계를 쌓은 관계에서 가능합니다. 앞서 언급했듯 아이와의 애착관계 형성은 영유아기 시절에 가장 효과적이고 빠르게 진행되지만 이 시기를 놓쳤다고 해서 실망하지 않아도 됩니다. 아이는 엄마의 보살핌 아래 잘 성장한 후 호르몬의 급변을 겪는 사춘기 시절을 맞이 하게 됩니다. 이 시기에 전두엽의 폭발적인 리빌딩으로 인해 아이의 전두엽이 재구성되는데요. 이러한 특징을 알고 있다면 엄마는 이 시기를 잘 활용하여 놓쳤던 영유아기의 애착관계, 끈끈하고 단단한 관계를 형성할 수 있습니다. 사춘기 시기는 정서적으로 무엇보다 안정감과 애착도 중요한 시기이기도 하지만 가장 공부에 집중해야 하는 중요한 시기이기 때문에 아이가 흔들리지 않게 학습 습관을 유지하도록 도움을 주면 좋습니다.

청소년기 시절에 가슴 속 깊은 고민을 엄마에게 터놓을 수 있는 아이는 생각보다 많지 않습니다. 진로 문제, 과목 선택이 잘못 된 건 아닌지, 동아리 활동이 생각처럼 잘 되지 않을 때, 학업성적에 대한 친구들과의 관계 등 이런 저런 다양한 걱정으로 아이들은 끙끙 앓습니다. 아이의 고민이 엄마 눈에는 사소해보이고 중요해 보이지 않더라도 진지하게 집중하여 아이의 이야기를 들어주는 것이 매우 중요합니다. 아이가 어렵게 고민 이야기를 시작하면 엄마는 무조건 가만히 들어주시면 됩니다. 어설픈 조언이나 선입견 없이 진심으로 아이의 눈을 바라보며 고민을 들어주세요. 아이는 엄마가 내 이야기에 집중하고 있다고 느끼면 더없이 행복하고 마음이 편안해짐을 느낍니다. 소통의 시작점은 듣기 또 듣기인 것입니다. 먼저 말하거나, 조언하지 말고, 편견 없이 듣고, 기다려주는 것이 핵심입니다. 골프나 테니스에서 정확한 타점이 나오는 스위트 스팟이라고 하는데 심리적 공감대를 형성하는 지점이 바로 심리적 스윗스팟입니다.

　잘 들어주었다면 이번에는 질문을 통해 아이와 더 확장된 대화를 할 수 있어야 합니다. 수년 간 학습코칭 강의를 하면서 수강생들에게 꼭 숙제로 내어 주는 것이 있는데 바로 아이와 5번 이상 핑퐁대화를 연결하고 확장하라는 것입니다. 제 경험상 단 1명의 부모도 5번 이상 핑퐁이 되는 상호적 대화를 성공하지 못했습니다. 아이가 어리기도 하지만 대부분의 엄마들이 질문을 잘 못 던지기 때문입니다. '숙제했어?', '오늘 학원 테스트는 잘 봤어?', '학교 급식 맛있었어?' 대충 이런 질문들을 주로 하게 되는데요 이런 질문들을 거꾸로 우리가 받았다고 생각해 보겠습니다.

　아마도 '응', '아니', '아직 몰라.' 외에는 다른 답을 찾기 쉽지 않습니다. 왜냐하면 답이 정해져 있는 닫힌 질문을 했기 때문입니다. "오늘 숙제는 어떻게 되어가?" "학원 테스트는 어땠는지 엄마 궁금해." "우리 딸 학교 급식 어땠어?" 라고 질문을 바꿔보겠습니다. 적어도 단답형보다 좀 더 긴 대답이 나올 것입니다. 그리고나서 다시 엄마가 격려적 피드백을 던져 보는겁니다. '몇 시 쯤 시작할지 엄마한테 알려줄 수 있어?', '테스트 준비를 스스로 하려고 노력하니까 참 기특하다.' 이렇게 바꿔서 말해 보세요. 칭찬을 받은 아이는 아무리 작은 칭찬이라도 기쁘고 행복해져서 뇌에서 긍정적 호르몬인 도파민이 나오게 됩니다. 질문과 피드백을 어떤 식으로 하는지에 따라 대화의 방향이 완전히 달라지고 대화도 이어집니다. 간단하게 말씀드리면, 1번 말하고 2번 듣고 3번 맞장구치기를 해보시면 됩니다.

제3장
실천하는 중학교 공부

장기계획 & 단기계획

초등학교에서는 배우고 익히는 과정 중심의 평가가 진행되고 학생 참여형 수업이 많습니다. 중학교에 진학하면서는 초등학교에 비해 늘어난 과목 수와 수업 시간, 어려워진 수업 내용 등으로 학교 생활에 어려움을 겪는 경우가 많습니다. 자유학기제가 시행되어 중학교 1학년 때도 시험을 보지 않지만 단계적으로 축소될 계획이라고 하니 초등학교를 마무리하고 중학교에 입학하기 전까지 철저한 대비를 해야 늘어난 학습량 등의 변화에 적응할 수 있습니다. 고교학점제가 시행되면 진로 중심의 선택수업과 진로탐색 과정이 중요한 요소로 작용하는데 이것은 고등학교에 들어가면서 갑자기 생기는 것이 아니라 중학교 때부터 차근차근 밟아온 과정에서 저절로 자신의 역량을 키우고 선택한 과목을 집중적으로 공부하는 힘이 생깁니다. 지필 고사에 대비한 학습 계획도 중요하지만 자신의 진로에 대해 장기 계획과 단기계획을 분리하여 생각해 보는 것도 매우 중요합니다.

계획을 세우라고 하면 거창하게 생각하거나 부담을 느끼는 아이가 있습니다. 이런 경우 아이가 거부감 없이 작은 목표부터 시작하라고 유도하면 좋습니다. 작고 분명한 목표는 '이 정도쯤은 해볼 만하다.'는 도전의식을 갖게 하기 때문입니다. 작은 것부터 하나씩 도전함으로써 짜릿한 성취감을 느낀 아이는 더 큰 도전에도 자신감을 갖게 됩니다. '이번 중간고사에서 1등 하자!' 라는 거창하고 불가능해보이는 목표보다는 문제집 10문제씩 풀기라던가 영어단어 20개씩 외우고 엄마랑 퀴즈로 확인하기 같은 작은 목표부터 실천하도록 아이를 지도하면 좋습니다. 하루에 할 수 있는 작은 목표들을 3개-5개-10개로 차츰차츰 늘려나가면서 하루 단위의 계획에서 주 단위 그다음 월 단위, 년 단위로 계획을 세우면 됩니다. 여기서 반드시 해야 할 것은 얼마나 실천 행동력을 보였는지 아이 스스로 평가하고 확인하는 것인데요. 이것은 엄마가 해주는 것이 아니라 아이 스스로 확인하고 평가하게 해야합니다. 엄마는 아이가 꾸준하게 체크를 하고 있는지만 슬쩍 확인해주면 됩니다. 물론 매일매일 성실하게 처음부터 잘하는 아이는 많지 않습니다. 그래도 인내심을 가지고 기다려주고 지켜보면서 아이를 응원하고 지지해주면 됩니다.

스마트폰 어플이나 플래너 같은 편리한 제품들도 있지만 가능하면 직접 프린트 아웃을 해서 아이의 책상 잘 보이는 곳에 계획표를 두고 하루를 마감하는 시간이나 잠자기 직전에 계획표를 스스로 체크하는 버릇을 들이게 하면 좋습니다. 작은 목표 하나, 두 개, 점점 쌓이는 성취감이 아이를 성장하게 합니다. 열 번을 실패하더라도 한 두번의 성공은 아이에게 큰 자산이 됩니다. 그리고 곁에서 지켜보는 지지자가 있다는 것은 아이에게 큰 힘을 주게 됩니다. 뭐든지 혼자 할 때보다 같이 하는 것이 훨씬 더 좋은 결과를 만들어 냅니다.

아이가 초등학생이면 너무 긴 시간의 장기 계획은 필요없습니다. 초등학생 때는 월 단위면 충분합니다. 중학교때는 년 단위의 계획이 좋고 고등학생부터는 목표 대학과 희망학과를 잡고 촘촘한 세부 계획으로 시작하여 고등학교 3년간의 계획을 만들면 좋습니다. 계획표는 말 그대로 계획을 적어놓기만 하는 것이 아닙니다. 그 계획을 얼마나 성실하게 실천하고 행동하는지가 더욱 중요하기 때문에 꾸준하게 계획표대로 수행했는지 체크하면서 실천하는 습관을 들여야 합니다. 계획표의 실천 여부는 그 계획표를 만드는 것보다 더 중요합니다.

알차게 내신 공부하기

중학교 공부가 초등학교 공부와 다른 점은 바로 내신입니다. 초등학교 성적은 '매우 잘함-잘함-보통-노력요함'의 4단계 척도 혹은 '매우 잘함-잘함-보통'의 3단계 척도로 매겨집니다. 교과 과정의 성취 여부를 평가하기 때문에 아이 학습에서 정확한 수준이나 위치를 알 수 없습니다.

중학교 내신성적 역시 성취도 평가를 기본으로 하긴 하지만 지필고사와 수행평가 점수가 합산되고 원점수와 표준점수를 통해 A-B-C-D-E 5단계 성취도가 표시됩니다. 일반 고등학교로 진학을 목표하고 있다면 내신의 중요성은 높지 않지만 영재고, 외고, 자사고 등 상위권 고등학교로의 진학을 원한다면 내신 관리를 철저히 해야 합니다. 어떻게 보면 중학교부터 내신 관리와 생기부를 관리하는 것이 대입으로의 첫 시작점이라고도 할 수 있습니다. 생활기록부에 세세히 기록되는 학습활동과 다양한 체험 활동 등을 통하여 아이의 학교 생활을 가늠할 수 있는데 엄마는 부지런히 나이스에 접속하여 아이의 생기부 기록을 잘 살펴보아야 합니다. 아이가 무엇을 얼마만큼 공부했고 어떤 활동을 했으며 수업 시간에 어떤 질문을 던졌는지 등 모든 것이 기록되는 만큼 아이의 학교 생활이 궁금하다면 수시로 보아야 합니다.

고등학교 시험 범위보다는 적은 편이지만 그래도 초등학교에 비하면 많아진 과목과 시험 범위를 꼼꼼하게 공부하려면 계획표를 작성하는 것이 효과적인데 앞서 언급했듯이 장기 계획과 단기 계획으로 나누어 만들면 좋습니다. 보통 내신 준비는 중학생의 경우 3주 전 시작하는 편입니다. 대부분의 중학교는 학기 초에 연간 계획표를 공지하는데 이를 통해 중간고사와 기말고사 일정을 확인할 수 있습니다. 보통 3월에는 교과 공부와 개인별 선행학습 등 개별 진도를 공부하고 3월 말부터 본격적으로 내신 준비에 들어가게 됩니다. 일단위-주단위-월단위로 나누어 계획하고, 좀 더 꼼꼼한 성향이라면 분 단위로 쪼개어 만들면 좋습니다.

그러나 Random 세포가 유난히 발달된 아이라면 촘촘하고 세부적인 계획보다는 덩어리 계획표가 더 효과적입니다. 예를 들면 10시부터 12시까지 수학 문제집 한 단원 풀기 이런 식 보다 오전 공부 수학- 오후 공부 국어 이런식으로 러프하게 계획을 수립하는 것이 실행력을 높일 수 있습니다. 내신은 학교마다 난이도와 출제 경향이 다르고 선생님의 수업이 가장 절대적인 부분을 차지 하기 때문에 수업 시간에 충실히 듣는 것이 가장 좋습니다. 엄마는 최근 몇 년간의 족보와 기출 문제를 미리 확보하여 학교의 출제 경향을 파악하고 시험과목마다 시간 배분훈련을 시켜주시면 효과적입니다. 가장 잘 알려진 족보닷컴을 적극 활용하거나 학교 근처 서점에서는 최근 몇 년간의 기출문제집을 구할 수 있습니다. 수업 시간에 선생님이 하신 말씀을 꼼꼼하게 필기해야 하는데 아이의 필기가 부족하다면 필기 잘하는 친구에게 부탁하여 복사를 해 두면 좋습니다.

또한 부교재도 꼼꼼히 챙겨야 합니다. 학교마다 부교재를 쓰거나 프린트를 나눠주는데 이것을 잃어버리거나 사물함에 넣어두고 가져오지 않는 아이도 제법 있습니다. 따라서 엄마는 교과서 외 부교재 프린트 등 꼼꼼하게 빠진 부분이 없는지 체크해줘야 합니다. 특히 수학의 문제별 시간 배분과 과목별 공부 시간 계획 역시 엄마의 코칭이 적절히 개입되면 실패 없이 무사히 첫 시험을 치르게 됩니다. 타이머를 활용하여 문제별 풀이 시간을 확인하고 실전에서 적용해야 합니다. 이처럼 아이 중학교 첫 시험 때는 엄마의 도움이 꼭 필요합니다.

적극적으로 수업에 참여하자

지필과 수행평가만큼이나 중요한 것이 적극적인 수업 참여입니다. 선생님은 수업시간에 선생님과 눈을 맞추고 적극적으로 참여하는 학생이 이쁘지 않을 수 없습니다. 과제를 성실하게 하고 준비물을 잊지 않으며 수업 시간에 궁금한 것은 손을 들고 질문하는 학생이라면 생활기록부에 최고의 칭찬이 담긴 선생님의 문구가 보일 것입니다. 단순히 '수업에서 ~한 내용을 배웠다' 라는 나열식의 생활기록부는 큰 의미도 없고 입시에서 좋은 영향을 미치지 못합니다. '~한 질문을 함으로써 적극적으로 수업에 참여하고 수업 분위기를 이끌어 가는 학생이다' 이 문장이 누가 보더라도 수업에 열심히 하는 학생임을 알 수 있습니다. 외고, 자사고, 국제고등 고입 입시에서는 대학 입시처럼 선발기준이 대입처럼 다양하지 못합니다. 따라서 생활기록부의 역할이 매우 크고 선생님의 정성스런 코멘트 한 줄이 고입의 당락을 좌우하기 때문에 수업 시간에 충실한 학생으로 기록되기 위해 노력해야 합니다.

입시에서 가장 중요한 것을 하나만 꼽으라면 저는 늘 '소통'을 말하곤 합니다. 엄마와 아이와의 소통도 중요하지만 선생님과 학생의 소통도 매우 중요합니다. 생활기록부 기재사항 중 담임선생님이 써주는 종합 의견 역시 담임선생님과 학생의 소통이 얼마나 원활하게 이루어졌는지에 따라 완성도가 달라집니다. 학생이 혼자서 아무리 열심히 하고 자기주도적으로 계획을 세워 공부한다고 해도 이를 입증하기 위해서는 결국 선생님과의 활발하고 효과적 소통이 있어야 가능합니다. 선생님이 학생을 정확히 파악하기 위해서는 학생의 적절한 브랜딩 전략이 필요합니다. 나를 적극적으로 표현하고 정확하게 알리고 효과적으로 소통하는 것이 브랜딩의 핵심입니다. 입시브랜딩에 최적화된 학생이 되기 위해서는 담임선생님뿐 아니라 교과 담당 선생님과의 적극적인 소통을 통해 수업 참여도를 높이고 성실하고 우수한 학생임을 어필해야 합니다. 수행평가와 같은 단체활동의 경우에도 역시 친구들과의 소통이 필수입니다. 친구들과 올바른 소통을 통해 완성도 있는 결과물을 만들면 결국 그것은 좋은 점수로 연결되고 결국 담당 선생님께도 좋은 인상을 주게 됩니다.

수업 시간에 손 들고 질문을 하거나 친구들 앞에서 발표하는 것을 힘들어하는 학생들이 많이 있습니다. 하지만 입시에서 좋은 결과를 얻기 위해서는 내향적인 성격을 외향적인 성격으로 잠시 스위치시켜야 합니다. 타고난 기본적 성향을 바꾸기는 어렵지만 의도적인 노력을 통해 훈련이 가능합니다. 좋은 점수와 만족스러운 생기부를 얻기 위해서는 내가 익숙하지 않더라도 노력을 통해 그 불편함을 극복해야 합니다. 거울을 보며 이야기하는 연습도 좋고 엄마가 파트너가 되어 질문을 주고받는 연습을 하면 좋습니다. 처음에는 어렵게만 느껴지겠지만 그 허들을 넘게 되면 충분히 할 수 있습니다. 편하고 익숙한 것만 찾게 되면 발전을 기대할 수 없다는 것을 꼭 기억하기 바랍니다.

올바른 학습습관의 기본, 자기통제력

본격적인 입시 레이스에 들어가기 전 중학교 단계에서 가장 필요한 역량 하나만 꼽으라면 올바른 학습 습관, 그 중에서도 자기 통제력입니다. 중학교부터 성실하게 단련된 학습 습관은 고등학교에 가서 더욱 빛을 발하게 되고 특히 자기 통제력은 선천적으로 타고나는 부분도 있지만 후천적으로 경험과 훈련을 통해서도 끌어올릴 수 있습니다. 입시를 다루는 글에서 왜 이렇게 심리학이나 뇌과학 분야의 내용이 많이 나오는지 의아한 독자들도 있을 것입니다. 하지만 학습 역량을 최대치로 끌어올리는 과정인 학습코칭에 있어서 소통의 중요성과 타고난 뇌 발달, 방해요인의 통제는 빼놓을 수 없는 중요한 부분입니다. 단시간 내에 성적을 올리고 좋은 등급을 받는 법을 알기 위해 이 책을 읽고 있다면 다소 지루하다고 느끼실 수 있습니다. 하지만 끝까지 엄마 본인의 자기 통제력을 발휘하여 이 책을 완독한다면 학습의 완성, 자아효능감의 성장이 어떻게 소통과 연결되어 있는지 알게 될 것입니다.

1970년대 초 미국 스탠포드 대학의 월터 미셸 교수의 마시멜로 실험은 자기 통제력과 욕구지연 능력을 잘 보여주는 실험입니다. 4-6세의 유아 653명을 대상으로 마시멜로 1개를 준 후 15분을 참고 기다리면 1개를 더 주기로 했습니다, 사실 15분은 4-6세에게는 너무 긴 시간이기 때문에 많은 아이들이 15분을 참지 못하고 30초 안에 눈 앞의 마시멜로를 먹어버렸습니다. 그러나 30퍼센트의 아이들은 더 큰 보상을 기대하고 참고 기다렸습니다. 그 후 이들을 추적 관찰한 연구팀은 이들의 SAT(미국대학 수학능력시험) 결과가 210점이나 차이가 나는 것을 발견했고 중년이 된 그들의 삶 또한 현저한 차이가 있다고 발표했습니다. 이 실험을 모티브로 책도 발간되어 한국에서도 선풍적인 인기를 끌었고 자기통제력에 대한 개념 역시 큰 관심을 불러 일으켰습니다.

하지만 그 이후 실험에 큰 오류가 있다는 사실이 밝혀지게 되었습니다. 2013년 로체스터 대학교의 연구팀은 마시멜로를 참지 못하고 먹은 아이들은 참을성이 부족했던 것이 아니라 15분을 기다리면 하나를 더 주겠다는 연구원의 말을 믿지 못했기 때문이라고 밝혔습니다. 즉, 자기통제력이 부족하다고 판단하기보다는 아이와 연구원의 신뢰 관계의 문제라는 것입니다.

이 내용이 바로 정말 강조 또 강조를 해도 지나치지 않은 부분이기 때문에 마시멜로 실험 이야기를 이 책에서 다루었습니다. 엄마와 안정적인 관계에서 긍정적 유대감을 형성한 아이는 엄마의 말을 신뢰하고 다른 사람과도 우호적인 대인관계를 맺습니다. 인내력, 참을성, 자기조절능력과 같은 자기통제능력은 타고 태어나는 것이 아니라 성장 과정에서 꾸준히 연습하고 개발하는 것입니다. 일관되고 적절한 훈육은 아이의 자기통제력을 자극하고 성장하게 해서 '공부란 해볼만 하다.' '하면 된다.' '노력하면 나도 할 수 있다.' 라는 긍정적 감정을 가지게 되는 것이지요. 이러한 긍정 정서는 학습과정에서 아이가 실수를 두려워하지 않게 하고 유연한 사고를 가능하게 합니다.

중학생이라면 40분 이상의 집중력을 발휘하여 책상에 앉아 있을 수 있어야 하고 고등학생은 50분간 집중 공부 후 5분 휴식이 좋습니다. 여기서 말하는 집중이란 핸드폰을 보거나 딴 생각을 하지 않고 말 그대로 몰입의 공부를 하는 것을 말하는데 이를 통해 자기통제력을 극대화시켜서 공부 몰입을 경험할 수 있습니다. 처음부터 50분의 몰입 공부가 되는 아이는 없습니다. 타이머를 활용하여 외부 자극에서 반응하지 않고 인내심을 가지고 10분씩 끊어서 반복 연습하면 나도 모르게 10분이 20분이 되고 30분, 결국 50분의 공부 몰입을 경험할 수 있습니다. 이것이 바로 뇌를 공부에 집중하도록 제어하고 하기 싫은 공부를 습관으로 받아들이는 과정입니다. 핸드폰을 보고 싶은 충동, 공부하기 싫은 감정, 나가서 놀고 싶은 행동 억제를 모두 통제할 수 있어야 합니다. 초등학교 때는 이 과정을 개발시키기 위해 당근과 채찍처럼 적절한 보상을 주면 매우 효과적입니다. 스티커나 간식 같은 아이들이 좋아하는 보상을 주면서 조금씩 훈련시키면 좋습니다.

중학생 시기도 공부에 대한 긍정적 경험이 무엇보다 중요합니다. 첫 시작은 누구나 어렵고 고통스럽지만 이 과정 역시 즐기면서 '내가 성장하는 과정이구나.' '이것만 참아내면 이 문제를 풀 수 있을 거야.' '50분 집중하면 꿀 같은 휴식을 즐길 수 있어!' 라는 자기 다짐을 하면서 단련시키는 것입니다. 공부를 좋아하는 사람은 없습니다. 다만 훈련을 통해 '바람직한 어려움'을 경험하면서 공부 습관이 만들어지고 이 습관을 통해 공부가 해볼 만한 즐거운 과정이라는 것을 알게 됩니다.

반복이 습관을 만든다

머리가 좋으면 공부하기가 수월한 것은 사실입니다. 머리가 좋은 아이들의 특징은 단기 기억력이 우수하고 정보처리속도가 빠르다는 것인데요. 정보를 처리한다는 것은 뇌에 공부했던 내용들을 조합하는 과정을 말합니다. 뇌의 특정영역만 사용되는 공부에 비해 저장된 기억들을 새롭게 조합을 하고 정보를 처리하는 과정에서는 다른 영역까지도 활성화됩니다. 따라서 뇌가 가지고 있는 정보를 새롭게 조합하는 능력이 뛰어나고 처리속도가 빠르기 때문에 시험문제를 풀거나 다양한 문제를 풀 때 그 능력이 최대치로 발휘되는 것입니다. 뇌에는 뉴런과 뉴런을 연결하는 시냅스라는 부위가 있는데 시냅스는 후천적으로도 확장된다는 특징에 주목해야 합니다. 시냅스는 태어날 때 그 숫자가 가장 많고 만 3세 이후 점차 퇴화된다고 합니다. 사용하면 사용할수록 더욱 발달하고 사용하지 않으면 없어지는 것입니다. 수능처럼 범위가 따로 없고 넓고 싶은 공부가 필요한 시험에서는 시냅스가 얼마나 발달되었는지가 합격을 좌우한다고 해도 과언이 아닙니다. 어릴수록 시냅스 발달이 잘 된다고 하니 조기교육이나 영재교육에 열을 올리는 엄마들에게는 더욱 솔깃한 이야기가 아닐 수 없습니다.

공부와 학습을 같은 개념이라고 생각하는 분이 많지만 그렇지 않습니다. 학습은 공부의 확장된 개념이기 때문입니다. 공부가 지식과 정보를 뇌에 입력하는 과정이라면 학습은 그 지식들이 뽑아져 나오는 과정까지 포함하는 개념입니다. 내 머릿속에서만 알고 있는 것은 입시에도 전혀 필요가 없습니다. 내가 알고 있는 정보와 지식을 꺼내는 것이 필요합니다. 입시에서 지필시험이나 면접형 시험은 초중고 12년 교육과정에서 배운 지식의 공식적 확인 과정입니다. 즉, 입시에서 필요한 것은 열심히 하는 공부보다는 효과적으로 하는 학습입니다. 아이의 성향과 강점을 잘 활용하는 맞춤형 전략과 주어진 시간을 효율적으로 사용하면서 학습의 효과를 최대치로 끌어올리는 것이 이 책의 핵심이라고 할 수 있습니다. 따라서 익숙하고 편한 것을 좋아하는 뇌를 의도적으로 훈련시켜 학습이 몸에 배도록 습관화 시켜야 합니다.

1만 시간의 법칙, 66일의 기적 등 반복을 통한 습관 만들기는 이미 널리 알려져 있습니다. 우리가 주목해야 하는 것은 '반복 학습을 통한 장기 기억 만들기' 입니다. 새학기가 시작되기 전 많은 학생들이 그야말로 완벽한 계획을 세워 공부를 제대로 해보겠다는 의욕이 넘칩니다. 그러나 그 계획이 성공할 확률은 과연 얼마나 될까요? UCLA 의대 교수인 로버트 마우어 박사는 22년간 성공과학연구에서 고작 8%의 계획만이 성공에 도달한다고 말했습니다. 목표설정이 잘못되거나 의지박약이라고 스스로를 탓할 것이 아닙니다. 우리의 결심이 성공할 확률은 겨우 8%이고 결심한 사람의 1/4는 1주일만에 포기하고 30일이 지나면 절반이 포기한다고 합니다.

우리의 뇌는 익숙하고 편안한 것을 선호하고 변화를 극도로 싫어합니다. 방어반응은 수백만 년 동안 지속되어 왔고 여전히 우리의 뇌를 지배하기 때문에 안 하던 공부를 하는 것, 안 하던 운동을 하는 것은 뇌에게는 정말이지 끔찍한 경험인 것입니다. 따라서 뇌를 익숙하게 느끼도록 단련시켜야 하는데 '스몰 스텝 전략' 즉, 아주 작은 일의 반복만이 이를 가능하게 합니다. 아주 작은 것부터, 너무나 작아서 변화를 알기 어려울 정도로 작은 것부터 가볍게 시작해야 합니다. 이렇게 작은 변화에 익숙해지면 또 조금씩 변화를 시도하면서 천천히 가볍게 뇌가 놀라지 않게 반복 훈련을 하는 것입니다.

50분 몰입 공부가 가능하려면 처음에는 5분씩 공부를 반복 훈련을 해야 합니다. 5분이 가능해지며 또다시 5분, 다시 5분씩 조금씩 늘려가면서 50분 몰입 공부가 가능하도록 뇌를 반복 훈련시키는 것입니다. 이 방법은 엉덩이 힘을 길러주는 가장 좋은 방법이고 변화를 느끼지 못할 정도로 조금씩 시작하는 것이 핵심이라고 할 수 있습니다. 5분 몰입이 성공했는데도 추가 5분이 힘들다면 3분으로 줄여서 해도 좋습니다, 자신에게 가능한 만큼씩 늘려 나가면 됩니다. 거창한 계획을 세워 놓기만 하고 92%의 확률로 실패하는 것보다는 5분씩 반복연습을 통해 '바람직한 어려움'을 훈련하는 것이 8%의 성공에 다가가는 지름길입니다.

공부가 습관이 되면 이제는 하루라도 공부를 하지 않으면 뭔가 불안하고 찝찝한 죄책감을 느끼게 됩니다. 식사 후에 양치질을 하지 않으면 입안이 텁텁하듯이 중학생 시기에는 반복학습을 통해 50분 몰입이 가능하도록 훈련하여 이제는 오히려 하지 않으면 불안하고 죄책감이 드는 단계로 올라가는 것입니다. 5분 안에도 몰입이 제대로 된다면 많은 양을 공부할 수 있습니다. 영어 단어 10개 외우기, 수학 연산문제 1장 풀기, 비문학 지문 하나 읽기, 고전 어휘 20개 외우기 등 작고 세밀한 계획을 반복하면 됩니다. 좋은 학습 습관은 높은 지능을 이길 수 있습니다.

사춘기 아이를 이해하자

신체적으로나 정서적으로 아이들의 변화는 가파르고 급격합니다. 엄마 눈에는 여전히 어리고 아기같이 보이는 아이가 갑자기 공격적 성향을 보이거나 감정 기복을 보이면 당황스럽기만 합니다. 주변에 많이 들은 이야기들로 마음의 준비를 하고 있다고는 하지만 막상 내 아이가 폭력적인 언어로 엄마를 공격하면 엄마는 놀라지 않을 수가 없습니다.

폭발적인 호르몬의 변화로 인해 신체적으로 정서적으로 불안한 아이는 전두엽이 엉망인 상태가 됩니다. 정상적인 사고와 판단이 어렵고 우선순위를 정하고 계획을 짜는 것이 어려워 지기 때문에 엄마의 시선으로 볼 때에는 아무 생각 없이 지내는 아이로 보이기도 합니다. 초등학생 때보다 더 생활의 리듬이 흐트러지고 선생님 말씀 아니, 엄마 말도 듣지 않는 아이가 과연 학습 습관이 잘 유지가 될지 엄마의 걱정은 깊어집니다. 청소년들의 감정 기복과 공격적 성향, 충동적 행동은 감정 조절 역할을 하는 '세로토닌'이 부족해져서 생기는 결과입니다. 감정을 안정적으로 다스리는 이 호르몬이 성인에 비해 40퍼센트나 덜 나오니 쉽게 불안하고 감정 기복이 심한 것은 당연한 결과입니다.

불안정한 전두엽에 비해 사춘기 아이들의 감정은 매우 예민하고 활성화되어 있습니다. 친구들 사이에서 문제가 생기면 불안하고, 성적이 잘 나오지 않을까, 엄마가 실망하진 않을까, 내 초라한 성적표를 친구가 알게 될까 봐 걱정합니다. 아이들은 심리적으로 여리고 약합니다. 엄마의 모진 한마디가 가슴에 꽂혀 큰 상처가 되기도 하고 엄마의 따뜻한 격려가 큰 힘이 되기도 합니다. 정서적으로 감정적으로 예민한 시기에 아이들은 대부분의 시간을 학교와 학원에서 보내야 합니다. 긍정적인 경험을 통해 충분한 자극을 받으면서 시냅스가 활성화되고 새로 형성되는 과정을 통해서 전두엽이 튼튼하게 리빌딩되고 완성되어야 하는데 안타깝게도 아이들은 공부하느라 바빠서 이런 강화의 과정이 매우 부족합니다.

게다가 이 시기에는 잠이 폭발적으로 늘어 아침마다 전쟁을 치르는 집이 많습니다. 제 아이도 사춘기가 한참이던 중학교 2학년 때, 아침잠을 이기지 못해 매일 아침마다 아이와 씨름을 해야만 했습니다. 동네 학교가 아니라 13킬로미터의 거리에 있는 학교였기 때문에 스쿨버스를 놓치면 할 수 없이 차로 데려다줘야 했습니다. 매일 아침마다 전쟁을 치르듯 등교를 시키고 나면 돌아오는 길에 늘 차가 막혀 기진맥진하곤 했습니다.

사춘기 청소년들이 가장 잠을 깊이 자는 시간대가 새벽 3시부터 낮 12시까지라는 연구 결과가 있습니다. 청소년들은 9시간 정도 잠을 충분하게 자야 정상적인 뇌 활동이 가능하고 뇌가 활성화되는데 현실적으로 이것은 불가능합니다. 잠을 자야 하는 시간에 일찍 일어나 학교를 가야 하니 아이들은 체력적으로 매우 힘들어 합니다. 아이들이 잠을 못이겨 힘들어 할 때 한심하다거나 야단 치는 대신 아이가 졸려 하고 힘들어 하는 감정을 받아주고 이해해주는 것 좋습니다. 아이의 버릇을 고친다고 강하게 통제하거나 야단을 치는 것은 이 시기의 아이들에게 전혀 도움이 되지 못합니다. 아이 자신도 본인이 왜 이러는지 모르고 엉뚱한 행동만 반복하는 자신이 미워지기도 합니다. 엄마의 따뜻한 말 한마디를 통한 긍정 정서가 이 시기 아이에게 미치는 영향은 실로 엄청납니다. 사춘기에는 엄마와 차곡차곡 쌓아놓은 애착관계가 무너질 수도 있고 더 단단해질 수도 있는 시기이니만큼 엄마는 언제나 아이를 지지하는 든든한 같은 편이 되어주어야 합니다.

사춘기의 잠

에디슨과 나폴레옹은 수시로 낮잠을 즐겼다고 합니다. 수면의 절대 양이 많지 않았을 것으로 보이는 두 사람은 낮잠을 통해 뇌를 쉬게 하고 시냅스를 활성화시켰을 것입니다. 수면과 기억은 어떤 관계가 있는지 아는 것은 잠이 쏟아지는 중학생 아이들의 학습에 도움이 됩니다. 수면주기는 깊은 수면과 렘수면이라고 불리는 얕은 수면의 두 가지 수면이 반복되는데 이러한 수면주기 과정에서 단기기억이 장기기억으로 저장됩니다. 충분한 수면은 학습했던 내용을 보호하기도 하고 학습한 과정 자체를 수행합니다. 깊은 수면 상태에서 주로 관찰되는 이 놀라운 사실은 낮에 학습한 정보를 복습하고 보호함으로써 장기기억으로 전환되게 합니다. 특히 잠자기 직전에 외운 정보가 낮게 외운 정보보다 훨씬 더 잘 기억된다는 흥미로운 사실을 꼭 기억해주셔야 합니다.

　사춘기 아이들은 아침잠이 특히 많아집니다. 늦게 자는 바람에 올빼미 체질이 되어 아이들은 아침에 일어나기도 힘들고 수업 시간에 집중하기도 너무나 힘듭니다. 중학교에서는 선생님이 앞에서 수업 중인데도 엎드려서는 아이가 놀랄 만큼 많습니다. 이 아이들은 잠에 취해서 아무리 깨워도 일어나지 않는 경우가 많습니다. 초등학교 때만 해도 이렇게 대놓고 수업시간에 잠을 자는 아이는 많지 않습니다. 이 시기에는 수업이 듣기 싫거나 공부가 하기 싫어서보다는 그냥 주체할 수 없이 잠이 쏟아지기 때문에 자는 경우가 많습니다. 성인이 되면 다시 정상적 수면 리듬으로 돌아오지만 이 시기의 아이들의 잠은 오히려 이것이 정상 신체 리듬이라는 것을 엄마는 꼭 이해해야 합니다.

　적게 자도 되는 사람은 전체 인구의 5% 정도입니다. 이들은 겨우 4시간만 자더라도 정상적인 생활이 가능하고 인지 능력에도 문제가 없다고 합니다. 9시간 이상 수면이 필요한 사춘기 아이들의 만성 수면 부족은 틈틈히 낮잠을 자거나, 쉬는 시간을 이용한 쪽잠, 명상, 멍때리기 같은 휴식으로 보충할 수 있습니다. 기억에 영향을 미치는 깊은 수면 단계는 주로 초기 4시간 동안 주로 나타나기 때문에 수면 시간이 부족하다면 수면의 질을 올리고 부족한 시간은 쪽잠으로 보충하는 등의 전략을 세워야 합니다.

　"아직도 자면 어쩌니! 학교 늦겠네. 어제 늦게까지 안 자고 놀더니 못

일어나잖아. 내가 이럴 줄 알았어!"

이렇게 날선 엄마의 말은 아이의 잠을 깨우지 못합니다. 대신 이렇게 말해보세요.

'일어나기 힘들구나.'

'피곤하겠구나.'

'아침에 일어나는게 정말 힘들지?'

이렇게 따뜻한 말로 아이를 가볍게 스킨십하면서 깨운다면 아이는 훨씬 편안하게 느끼고 엄마와의 정서적 유대감도 훨씬 좋아집니다.

공부독립하는 자기주도학습

중학교 공부부터는 엄마의 직접적인 개입 없이 아이 스스로 목표를 수립하고 계획을 실천하는 공부 독립이 되어야 합니다. 초등학교 공부까지는 내용도 그리 어렵지 않고 엄마의 도움이 필요한 아이가 있지만 이제부터는 엄마의 불안한 마음부터 정리해 보면 좋습니다. 아직 어리고 경험이 부족해서 실수도 하고 실패도 하는 것을 옆에서 묵묵히 지켜봐주면 됩니다. 중학교 시기에 공부 독립을 훈련하고 자기주도학습과정이 반복적으로 훈련되면 고등학교에 진학했을 때 철저한 시간관리와 해야하는 일을 먼저 하는 자기 통제력을 발휘합니다. 또한 공부에 몰입하는 힘이 길러져 집중력을 발휘하고 어떤 형태의 문제에도 문제해결력을 발휘하게 됩니다. 성공적인 자기주도학습전략을 위해서는 다음의 4단계를 거쳐야 합니다.

첫 번째로 아이에게 필요한 것은 학습동기입니다. 어떤 일을 하던 간에 동기부여라는 것은 시작점이고 목표에 끝까지 도전하게 하는 힘입니다. 제 경험상 아이들의 학습동기를 불어 넣어주는 가장 좋은 방법은 아이 개개인의 강점과 성향을 활용해서 효과적인 방법을 아이와 함께 찾아보는 것입니다. 아이와의 긍정적 관계를 잘 유지하고 있다면 아직은 엄마의 칭찬 한마디가 그 어떤 것보다 크고 강력합니다.

"우리 ○○이는 핵심요약 능력이 뛰어나니까 긴 지문을 읽을 때 핵심 키워드를 적어보는 방법으로 해보면 어때?"

"우리 ○○는 꼼꼼해서 시간은 조금 걸리더라도 실수 없이 잘할 거야."

"메모를 참 잘하는구나. 그럼 노트필기도 잘할 거야. 중요한 내용은 노트에 너만의 방식으로 필기해보면 어떨까?"

엄마의 한마디면 못이기는 척하면서 슬쩍 해보는 게 우리 아이들입니다. 사랑하는 엄마가 내가 잘하는 점을 인정해주고 칭찬해주면 아이는 신이 나고 의욕이 생깁니다. 아이 스스로 선택하고 노력하는 도전을 통해 지속적으로 노력하는 힘이 바로 학습 동기입니다.

두 번째는 학습목표입니다. 동기부여가 잘 되었다면 다음 단계는 목표를 수립하는 것입니다. 많은 아이들이 원하는 명문대 진학, 의대생 되기, 특목고 입학, 하버드 대학 가기 등 거창한 목표부터 생각하는 엄마들이 많습니다. 입시라는 최종 목적지를 위해서는 이런 막연하고 먼 미래 목표보다는 단기목표를 수립하고 차근차근 계획을 세우는 것이 좋습니다.

단기계획이 차곡차곡 모이고 쌓여서 장기계획이 가능해지고 최종 목표를 이루는 것입니다. 중학생이라면 고입을 목표로 작은 단기목표부터 정하는 것이 좋습니다. 한 학기 목표-일년 목표-고입 이런식으로 단기목표 먼저 설정하고 더 큰 목표를 위해 실천해야 합니다. 벼락치기 공부는 초등학교까지입니다. 중학교 공부는 더 이상 벼락치기가 통하지 않고 고등학교는 더욱 그러합니다. 벼락치기 공부는 절대로 불가능하고 통하지도 않습니다.

세 번째는 실천하기입니다. 학습목표까지 잘 세웠고 단기, 장기, 세부목표까지 잘 만들었다면 이제는 이것을 실행해야 합니다. 의욕에 넘치고 파이팅 가득한 아이라도 대부분 일주일 내에 지치고 목표했던 계획대로 하기 싫어집니다, 당연한 결과입니다. 이때 아이를 다그치거나 게으르다고 비난하지 말고 지지적 피드백을 주어야 합니다. 3일을 견디고 5일을 견디면 일주일이 지나갑니다. 아이에게 일주일간 수고했다고 진심으로 칭찬해줍니다.

"3일쯤 되면 지칠 줄 알았는데 우리 아들 대단하네!"

엄마의 즉각적이고 구체적인 칭찬은 아이를 실천하게 합니다. 실천력을 기르는 가장 좋은 방법은 아주 작은 것부터 실천하는 것입니다. 작은 실천들을 성공적으로 수행하면 다음 행동목표도 실천할 수 있는 힘이 생기게 됩니다.

　마지막으로 평가하기입니다. 목표를 정하고 실천하는 과정을 평가하는 것인데 여기서 중요한 것은 평가를 하는 사람이 엄마가 아닌 아이 자신이라는 것입니다. 아이에게 스스로 계획을 점검하면서 스스로 돌아보고 평가하게 하는 것입니다. 아이 스스로 공부 집중도와 공부 시간, 공부 내용까지 체크하고 평가하게 합니다. 세부적 공부한 시간을 돌아보면서 나의 집중도를 냉정하게 A, B, C, D로 나누어 평가합니다. 정말 몰입이 잘 되어 만족스러운 공부시간이었다면 A를 주고, 정말 공부가 하기 싫어서 억지로 책상 앞에 앉아만 있었다면 D를 매겨야 합니다. 이 과정 역시 아이가 하는 것이기 때문에 D가 여러 개 보인다고 해도 혼낼 사람은 없습니다. 아이가 스스로 느끼고 평가하는 것입니다. 이 과정이 반복되면 아이는 의식적으로 노력하지 않더라도 A가 많이 나오는 공부를 하게 됩니다. 평가까지 마치면 하루의 일과가 끝이 납니다. 자기 직전 하루의 루틴으로 이 계획표를 점검하고 실천했는지 얼마나 집중해서 공부했는지 냉정하게 평가하는 시간을 만들어야 합니다.

아이에게 맞는 고등학교 선택

중학교 과정에서는 지필고사와 수행평가를 합산하여 성적이 나오고 보통 반반이거나 7:3의 비율로 매겨집니다. 내신등급제가 아닌 성취평가제이기 때문에 공식적인 등수가 나오지 않아서 정확한 수준 파악이 어렵습니다. 코로나 2년여 시국을 지나면서 전반적인 학습 능력이 떨어진 것을 강의 현장에서 매우 체감하고 있습니다. 특히 문해력 이슈는 중학생만의 문제가 아니긴 하지만 현장에서 만나는 아이들이 어휘 수준은 놀랄 정도로 낮아진 상태입니다. 국어 기초능력 미달 비율이 여학생에 비해 남학생이 약 4배 가량 높다고 합니다. '존귀하다', 삼별초의 난, '간헐적', '금일' 같이 일상적으로 많이 쓰는 단어들의 뜻을 아이들은 모릅니다. '존귀하다'를 '매우 귀엽다'라고 알고 있고 한국사 시간에 나오는 '삼별초의 난'에서 삼별초가 '삼별초등학교'라고 생각하는 아이들이 대부분입니다. 실제로 학교에서 선생님들은 수업 시간에 아이들이 무슨 뜻인지를 몰라서 일일이 단어를 설명해줘야 한다고 하니 안타까운 현실이 아닐 수 없습니다. 영어 수업시간에도 영어의 뜻을 한국어로 설명하면 그 단어의 뜻을 또다시 설명해줘야 해서 수업 진도를 나가기가 어렵다고 합니다. 따라서 아들을 둔 엄마들의 고등학교 선택은 깊이 고민해야하는 중요한 이슈입니다.

전국에는 2300여개의 고등학교가 있고 사립이 900개, 국공립고등학교가 1400개, 특성화고등학교가 500개가 있습니다 이중 남녀공학은 대부분 신설 학교가 많고 경기도의 경우 공학 비율이 90퍼센트가 넘는다고 합니다. 남고, 여고가 줄고 있어서 최근에는 공학으로 전환되고 있는데 남고의 경우 내신따기에 유리하다는 장점이 있습니다. 상대적으로 여고는 학습 분위기가 좋고 공부를 열심히 하는 학생들이 많은 편입니다. 소위 노는 아이들이 거의 없고 안정적인 면학분위기가 조성되어 있어 학부모님들의 선호도가 높습니다.

대한민국은 급격한 인구감소로 인해 최근 남고, 여고는 남녀공학으로 전환하고 있는 추세이고 최근에는 이음학교라는 새로운 학교제도가 만들어졌습니다. 서울지역에서 처음으로 서울형 통합운영학교인 송파구 일신여자중학교와 잠실여자고등학교가 2023년 3월 이음학교로 출범했습니다. 이음학교는 학교급이 다른 두 개 이상의 학교를 통합해 운영하고 서울에서는 3개교 (해누리초중, 강빛초중, 서울체육중고)가 운영되고 있습니다.

전국단위 자사고, 특수목적고, 영재고, 과학고, 특성화고, 마이스터고 등 고등학교 명칭이 여러 가지라 입시를 처음 접하는 엄마들은 혼란스럽기만 합니다. 서울시 교육청 고교입시정보 홈페이지의 분류에 따르면 고등학교 입시는 전기, 후기로 크게 나누어집니다. 일반적으로 특목고라고 하는 고등학교에는 과학고등학교와 체육고등학교가 있습니다. 외고의 인기가 한창이던 몇 년 전 외고까지 통칭해서 일반적으로 특목고라고 불렀지만 정확한 분류로는 외국어 고등학교는 특수목적고 중에서 후기 외고, 국제고 범주에 속합니다. 영재학교 및 과학고등학교는 중학교 3학년 1학기에 원서 접수가 이루어지기 때문에 입시 준비시기가 가장 빠릅니다. 보통 초등학교 고학년부터 영재고 준비를 시작하는 편이고 교육청 영재원이나 대학교 부설영재원에서 공부한 아이들이 영재고 입시를 준비하는 경우가 많습니다. 마이스터고를 특성화고등학교로 많이들 잘못 알고 있는데 마이스터고는 특수목적 고등학교에 속합니다. 마이스터고의 인기는 상당히 높고 취업률도 높은 편이라 입학준비를 철저히 해야 합니다.

학교별로 지역단위와 전국단위 두 가지 방식으로 모집하고 '서과영'이란 줄임말로 더 익숙한 영재학교인 서울과학고와 상위권 자사고인 하나고는 전국단위 모집입니다.

과고, 외고, 국제고, 자사고, 일반고, 마이스터고, 특성화고 중에서 우리 아이에게 가장 적합한 학교는 어디인지 알기 위해서는 학교별 특징을 먼저 알아야 합니다. 입시철이 되면 학교마다 입학 설명회를 매년 개최합니다. 미리 관심이 있는 학교의 홈페이지에서 일정을 확인하고 꼭 참석하는 것이 좋습니다. 각 학교 홈페이지를 부지런히 접속해서 학교의 이념과 인재상 그리고 커리큘럼과 교과서 등을 꼼꼼히 확인하고 반드시 아이와 충분한 상의를 통해 학교를 결정해야 합니다.

엄마가 원하는 학교와 아이가 원하는 학교가 다를 경우에는 가능한 아이의 의견을 들어주는 것이 좋습니다. 이 시기는 아무래도 친구의 영향을 많이 받아서 친한 친구와 같은 학교에 가고 싶어 하는 아이들도 많습니다. 아이에게 학교 정보와 입결, 선배들을 통해 학교 정보 등을 충분히 이야기 나누어야 합니다. 고등학교 선택이야말로 대학 입시의 첫 걸음이라고 해도 과언이 아닐 만큼 중요한 일이므로 신중 또 신중하게 결정해야 합니다. 또한 홈페이지 업데이트가 자주 되는 학교는 그만큼 학부모와의 소통에 적극적인 학교라는 말이기 때문에 그 학교의 정보는 믿어도 좋은 편입니다.

중학교 상위권이 고등학교 오면 중위권?

상위권 자사고, 과고, 특목고는 상위권 학생들이 대거 몰려있기 때문에 내신의 경쟁은 상상을 초월할 만큼 힘듭니다. 소숫점 둘째자리까지 정확하게 따져서 등급별 줄 세우기에다 동점자 처리 방식까지 있을 만큼 매우 치열합니다. 중학교 때 공부 좀 했다는 아이들이 모인 학교이니 당연한 결과겠지만 중학교 성적만 믿고 내 아이가 상위권 고등학교에 가서도 무조건 잘 할거라고 믿는다면 매우 위험한 생각입니다.

중학교 성적은 등수가 나오지도 않고 시험 난이도도 쉬운 편이라 90점 이상, 즉 A를 대부분 받았다고 해도 실제로는 진짜 우등생이 아닐 수 있습니다. 중학교 시험문제에는 소위 말하는 킬러 문제가 없고 대략 전체의 30퍼센트 정도가 A등급을 받기 때문에 이를 9등급 내신으로 환산해보면 무려 4등급입니다. 이 말에 정신이 번쩍 드는 엄마들이 많을 것입니다. 초 중등때 그래도 꽤 한다고 생각했던, 내 아이가 적어도 못하지는 않는다고 믿었는데 스카이 대학이 아닌 인서울 대학 진학조차 불가능하다면 깜짝 놀라는 엄마들이 많을 것입니다. 엄마 시대의 입시만 생각해보면 그럴 수 있습니다. 백점이 중요한 것이 아닌데 아직도 백점에 집착하는 엄마들이 많습니다. 다같이 백점을 받았다면 그 원점수는 전혀 잘한 것이 아니고 89점을 받았더라도 1등급이 나오는 것입니다. 이것이 입시의 현실이고 고등학교 성적 산출방식입니다. 수시로 상위권 대학 진학을 위해서는 내신 2등급 이내여야 합니다.

중학교 성적은 지필고사와 수행평가를 합산해서 매겨지는데 고등학교에 비해 수행평가의 비율이 높은 편인데다가 지필고사의 난이도도 점점 쉬워지고 있습니다. 공식적인 학급 등수나 전교 등수가 나오지 않기 때문에 올 A를 받아도 그렇게 잘한 성적이 아니라는 것을 엄마들은 체감하지 못합니다. 전과목 올 A를 받았으니 그래도 우리 아이가 상위권이라고 믿는 엄마도 많고 실제로 아이들도 객관적인 자신의 위치를 정확히 모르는 경우가 많습니다. 중학교 성적은 산출방식이 고등학교와는 다르게 성취평가제기 때문에 그럭저럭 잘한 것으로 보이는 성취도 B는 고등학교에 가면 4~5등급일 수 있습니다.

최근 코로나 시국을 지나면서 전체적 학생들의 평균적 기초학력이 떨어졌고 양극화가 심해졌다는 발표가 있었습니다. 초중고 전 학년에 걸친 학력 저하는 도미노처럼 연쇄적으로 상급학교 진학 시에 문제를 일으키고 있어서 철저한 대비가 필요합니다. 요즘 초등 문해력이 초등학생 엄마들의 핫이슈입니다. 그만큼 초등 아이들의 문해력, 어휘력, 쓰기 능력은 엄마들이 생각하는 것보다 훨씬 낮습니다. 초등학교 국어의 구멍을 채우지 못한 채 중학교, 고등학교로 진학하게 되면 점점 더 국어공부에 어려움을 느끼게 됩니다. 체계적인 문법 공부과 탄탄한 어휘력이 받쳐주지 못하면 국어 공부는 점점 어렵기만 합니다. 수학 포기자를 '수포자'라고 하는데 국어도 조만간 '국포자' 라는 새로운 신조어가 나오지 않을까 걱정스럽습니다. 문해력은 국어 공부만의 문제가 아니라 전 과목에 걸친 학습부진을 초래할 만큼 중요한 문제입니다.

기존에 발표된 고교학점제에서는 고등학교 1학년까지는 내신 9등급제를 유지한다고 했었는데 2023년 1월 발표된 내용에 따르면 1학년까지도 절대평가의 시행을 검토한다고 발표했습니다. 1학년 때 성적이 잘 나오지 않은 학생들이 2, 3학년때 수능에 집중하느라 학교 수업에 불성실하게 참여할 것이 우려되기 때문에 전 학년 절대평가로의 전환을 고려한다는 것입니다. 그렇다면 고등학교 입학 시점부터 전학년 절대평가가 된다는 것인데 이것은 그리 간단한 문제가 아닙니다. 성적의 변별력이 떨어지기 때문에 상위권 고등학교로의 진학은 다시 인기몰이를 할 것으로 보입니다. 일반고에 비해 상위권 학생들이 모이는 특목, 자사고에게는 내신의 불리함이 사라지는 매우 유리한 조건이기 때문에 한동안 시들했던 특목, 자사고 특히 외고의 입시가 더욱 치열해질 것으로 예상됩니다.

최상위 고등학교의 '물'

　상위권 자사고와 특목고의 훌륭한 면학 분위기 만으로도 그 학교에 보낼 충분한 이유가 됩니다. 이것은 가르친다고 되는 것도 아니고 선생님들이 일부러 만들어 줄 수도 없는 것이기 때문입니다. '물 좋은 곳에 가라' 는 말처럼 상위권 아이들끼리 모여 있는 학교에서는 바람직한 시너지 효과가 발생하여 서로에게 자극받고 동기부여도 잘 되는 편입니다. 특히 성적, 등수로 친구를 평가하지 않고 그 아이만의 특징, 장점, 특화된 과목짱으로 인정하는 경우가 많습니다. 국어짱, 수학짱, 생명짱 이런식으로 과목별로 특히 잘하는 친구들을 진심으로 인정하고 서로 도움을 주고 받기도 합니다. 전체 내신등급에서는 조금 부족할 수 있으나 과목 별로 우수한 학생들을 서로 인정해주는 것입니다. 내가 부족한 과목은 과목별 짱들에게 도움을 받고 또 내가 잘하는 부분을 그 친구에게 기꺼이 나누어 줍니다. 이러한 자발적 멘토멘티 프로그램은 사실 다른 고등학교에도 대부분 존재합니다. 그러나 선후배 간의 멘토멘티 프로그램인 경우가 많아서 부담 없이 모르는 것을 물어보거나 친구에게 하듯 편하게 요청을 할 수 없는 경우가 많습니다. 동급생 친구들끼리의 협업은 정규 수업시간 이후 자발적으로 이루어지고 그룹으로 모이기도 합니다.

전체 등수가 큰 의미 없을 만큼 과목별 독보적 1등들이 다양하게 존재하고 국어 1등이 탐구 과목에서는 5등급이 나오기도 하는 것이 상위권 학교의 현실입니다. 대부분 중학교에서 전교권을 다툴 만큼 극상위권 아이들이 모인 상위권 고등학교에 와서 생전 처음 받아보는 등수와 등급이 기록된 성적표에 당황하기도 합니다. 중학교에서 상위권을 유지했던 학생들은 초등학교 때부터 상위권이었을 가능성이 높고 이 아이들은 학습 습관과 학습 동기가 이미 잘 갖추어진 아이들입니다.

몇 년 전 한 프로그램을 통해 민족사관학교의 학교생활을 들여다 보았습니다. 설정하지 않은 자연스러운 학생들의 수업 시간 실제 모습과 식당에 모여 자발적으로 같이 공부하는 모습, 한 명의 학생과 선생님 한 분이 일대일로 수업하는 모습 등이 리얼하게 그려졌습니다. 특히 인상적인 것은 1명의 교사가 1명의 학생과 일대일로 수업을 하는 것이었는데 이 학교는 학생이 원하면 비록 한 명의 학생만 있더라도 수업을 개설해줍니다. 학생들이 원하는 과목도 굉장히 다양해서 외국으로 진학하는 학생들을 위한 국제반 과목의 심화수업이 국내반에 열리기도 하고 국내 대학 진학을 목표로 하는 반에서는 대학교 일학년들이 배우는 전공과목의 개론 수준을 배우기도 합니다. 수업의 주 교재 자체가 대학 개론서인 경우도 있을 정도로 수업의 내용은 질적으로 우수하고 수준 또한 매우 높은 편입니다. 국내 입시를 최종 목표로 하기보다는 배우고 익히는 학문 그 자체에 집중하고 원하는 과목을 선택해서 공부한다는 점은 현 정부가 추진하고 있는 고교학점제와 방향이 같습니다. 학교 중심이 아니라 학생중심의 학교이자 원하는 과목을 선택해서 시간표를 직접 짬으로써 학생은 스스로 수업을 기획하고 조율하며 공부해야 합니다. 학교에서 정해준 모두에게 똑같은 시간표가 아닌 나만의 시간표를 통해 시간관리도 해야 하고 교실 간 효율적 동선도 확인해야 하는 등 학업 외적인 부분에서도 아이는 스스로 생각하고 모든 것을 주도적으로 계획해야 하는 것입니다.

민족사관고등학교의 이러한 독특한 시스템은 많은 학부모들에게 인기를 끌었고 민족사관고등학교의 체험판이라고 할 수 있는 중학생 대상 민족사관고등학교 여름방학 캠프는 매해 조기 마감 될 정도로 인기가 높았습니다.

일반고등학교는 안 좋은가요?

중학교에서 공부 좀 한다고 했던 상위권 아이들은 대거 특목, 자사고, 영재고로 진학을 하거나 의대 진학을 원합니다. 좋은 내신을 받기 위해 전략적으로 일반고를 지원하거나 근거리 통학을 중요하게 생각하는 등 몇몇 이유를 제외하면 일반고등학교로의 진학은 마치 처음 맛보는 루저의 느낌입니다. 인생 첫 입시이자 평가인 고등학교 입시에서 불합격한 학생들은 처음 느껴보는 패배감이 매우 크고 꽤 오랜 시간 좌절감에서 벗어나지 못하고 힘들어 하는 모습을 많이 보았습니다. 그러면서 가장 중요한 중학교 3학년 겨울방학에 공부에 대한 의욕을 놓아버리는 안타까운 경우도 많습니다. 상대적인 상실감과 좌절감은 고입 준비를 위해 노력했던 시간과 과정이 고스란히 무너지는 느낌이지요. 원하던 고등학교 진학에 실패 후 일반고등학교로 배정이 되고나면 아이도 엄마도 한동안 힘든 시간을 보내는 것이 사실입니다. 일반고등학교에 진학한다고 해서 최종 목적지인 대입에서의 실패를 의미하는 것은 아닌데도 불구하고, 아이가 안정감을 찾고 다시 제자리로 돌아오는데 꽤 긴 시간이 걸리기도 합니다.

　중학교 3학년 마지막 방학은 고등학교 준비를 위한 가장 중요한 시간입니다. 얼른 툴툴 털고 다시 마음을 다잡는 회복 탄력성과 긍정 정서를 최대치로 발휘해야 합니다. 아무 계획 없이 넋 놓고 중3 겨울방학을 그냥 보냈다가는 고등학교에 진학해서 더 큰 패배감을 느낄 수 있기 때문입니다. 물론 유명 학군지의 일반 고등학교는 훌륭한 학교 시스템과 좋은 면학분위기, 다양한 동아리, 선생님들의 열정 등이 특목, 자사고 못지 않습니다. 하지만 그렇지 않은 경우도 많습니다. 생활기록부의 세부특기사항을 선생님이 아닌 학부모님께 써오라고 하는 경우도 실제로 있고 공부가 뒷전인 아이들을 위해 한명 한명 정성껏 생활기록부에 기록을 해주기엔 선생님의 절대 시간은 매우 부족합니다. 생활기록부가 입시에서 매우 중요해지면서 세부적으로 기록해야 하는 항목도 많아졌고 이 업무 이외에도 선생님들은 학교 행정업무를 처리해야 하기 때문에 매우 시간이 부족합니다. 그리고 아무래도 상위권 학생들을 중점적으로 밀어주는 편이고 생활기록부의 내용도 충실하게 기록되는 경우가 많습니다.

과학중점고등학교(과중고)와 교과중점학교

과학중점고등학교(이하 과중고)도 주목해 볼 만합니다. 일반고 계열이지만 과학중점학급을 설립해서 운영하고 있습니다. 과중고는 교육부 허가를 받거나 지역 교육청의 허가를 받아 지정되는데 교육부 지정 과중고가 더 영향력이 있습니다. 참고로 서울 지역의 과중고는 모두 교육부 지정입니다. 과중고의 경우 전체 교과목의 45%를 수학, 과학 관련 교과로 편성할 수 있습니다. 일반계 고등학교의 경우 30% 내외, 과학고의 경우 60% 내외임과 비교하면 꽤 비중이 높습니다. 과중고의 경우 2학년부터 전문교과를 이수하고 전문교과 (고급물리, 생물실험, 물리실험 등)을 편성할 수 있습니다. 일반계 고등학교의 경우 II과목을 선택해서 수업받지만, 과중고에서 과학중점과정을 이수하는 학생은 II과목 4개를 모두 들어야 합니다. 2019년 이후 Ⅱ과목을 수행평가로 대체하는 학교들도 늘어나는 추세입니다.

과학관련 대회와 동아리 활동이 매우 활발하고 과학고 진학에 실패한 우수한 학생들이 대거 입학하는 편이기 때문에 내신 받기가 상당히 어렵습니다. 일반고에 비해 과학중점학교의 과중반은 면학 분위기가 좋은 편이고 수학, 과학에 흥미와 관심이 높은 학생들이 많습니다. 수, 과학 공부에 관심이 많고 좋아하는 학생이라면 지원해 보면 좋습니다. 동아리 활동과 과학Ⅱ과목 모두 이수 과학 관련 활동이 많아서 학생부 종합전형에 유리하기 때문에 학생들에게 인기가 많은 편입니다. 서울에는 휘경여고, 혜원여고, 반포고, 경기고, 용산고등 22개의 과중고가 있습니다.

인공지능 융합 교과중점과정을 운영하는 고등학교는 서부 학교군의 숭문고등학교와 중부 학교군의 동성고등학교가 있습니다.

제4장
고등학교 입시 입문

생활기록부 자세히 알아보기

생활기록부는 초중고 모두 동일한 형식과 내용이 기재되는데 뒤에서 더 자세히 대학 진학용 생활기록부에 대해 다룰 예정입니다. 중학교 생활기록부는 특목, 자사고 입시를 위해 필요한 서류이므로 모든 중학교 3학년이 생활기록부에 집중하지 않습니다. 사실 초등학교 재학 중에는 생활기록부를 열람할 기회가 별로 없고 학부모님들의 관심이 많지 않습니다. 현재는 국제중학교 입시가 오로지 추첨을 통해 이루어지고 있지만 2013년 이전까지 국제중 입시에서는 초등학교 생활기록부, 추천서, 자기소개서까지 필요했습니다. 그래서 저는 남들보다 꽤 일찍 생활기록부에 관심을 갖고 자기소개서도 준비해보게 되었는데 그때의 경험이 고입, 대입에도 큰 도움이 되었습니다. 대학 입시에 닥쳐서 처음으로 입시 서류를 준비하려면 매우 어렵고 벅차게 느껴집니다. 국제중학교 입시 경험이 고등학교 입시에서 큰 도움이 되었고 또 그 경험이 대입에도 큰 도움을 주었습니다. 미리 생활기록부 보는 법도 익혀두면 도움이 되니, 나이스에 접속하여 아이의 학교 생활을 자세히 살펴보는 것이 좋습니다.

나이스는 'National Education Information System'의 약자로 줄여서 NEIS라고 부릅니다. 간단한 인증을 통해 학부모 서비스에 접속하면 아이의 학교 생활을 자세히 볼 수 있습니다. 기본적인 인적 사항, 학적 사항, 출결, 진로 희망사항, 독서 활동, 자격증 및 인증 취득 상황, 수상내역, 창체라고 불리는 창의적 체험활동, 교과 학습 발달상황과 행동 특성 그리고 종합의견이 들어갑니다. 대입과 달리 고입을 위한 생기부에는 성취 평가제로 ABCDE 등급으로 성적이 반영되기 때문에 성적의 변별보다는 아이의 학교생활 충실도와 교과 학습 발달과정을 통해 학업 성취도와 학업역량을 평가합니다. 다양한 동아리 활동이나 진로활동이 기록되는 창의적 체험활동란에는 지도교사의 코멘트가 들어가는데 이를 통해 얼마나 성실하고 적극적으로 학교활동을 했는지 알 수 있습니다. 예를 들면 자율 동아리 활동은 매우 좋은 학교생활기록입니다. 자신의 진로와 관련된 동아리를 스스로 조직해서 운영하고 이 과정을 통해 느끼고 배운 점과 후속 활동을 어떻게 진행했는지 기록되면 매우 좋습니다. 아이의 변화되는 모습을 수시로 확인할 수 있기 때문에 학교 생활을 아이에게 직접 물어보기보다는 나이스에 접속해서 보는 것이 더 정확하고 빠릅니다.

특히 중학교 아이들은 대부분 사춘기를 겪고 있어서 아이에게 학교 생활에 대한 질문을 하다 보면 대부분 싸움으로 끝나게 됩니다. 왜냐하면 엄마들의 조급증과 불안은 '왜 더 열심히 하지 않느냐?', '동아리를 ○○ 동아리로 하는게 더 낫지 않느냐?' 등의 질책으로 바뀌기 때문입니다.

중학교 동아리 활동은 좋아하는 활동으로 해도 괜찮습니다. 의대를 희망하는 상위권 학생이 미술 동아리 활동을 하는 것도 나쁘지 않습니다. 왜냐하면 '동아리 활동을 통해 그림을 그리면서 몰입할 수 있었고 공부 스트레스를 풀고 안정감을 얻는데도 매우 도움이 되었다.' 라는 좋은 사례를 기록으로 남길 수 있기 때문입니다. 안 그래도 다른 활동들을 학업과 연관되어 꽉 채워놓았는데 그림 그리는 시간만큼은 진정한 휴식이자 힐링의 시간이 되는 것도 좋습니다.

생활기록부 I & 생활기록부 II

학생생활기록부는 Ⅰ과 Ⅱ로 나뉘어 관리되는데 입력사항은 동일하지만 사용 목적과 공개범위가 차이가 있습니다. 정확히 말하면 생활기록부 Ⅰ은 학교생활기록부이고 생활기록부 Ⅱ는 학교생활 세부사항기록부입니다. 그러니까 우리가 알고 싶은 것은 입시를 위한 정성평가가 행해지는 항목이 공개된 생활기록부 Ⅱ입니다. 학생이 재학 중인 해당연도에는 정량평가가 가능한 항목만 공개되고 교과 학습 발달상황의 세부능력 및 특기사항과 행동특성 및 종합의견은 확인할 수 없습니다. 대학입시에서 학생부 종합 전형이 중요해지면서 주관적 평가가 이루어지는 정성 평가 부분에 대한 갈등을 줄이고 교사의 평가 부분을 보장하기 위해서입니다.

입시 상담이나 학부모 상담 시 담임교사의 확인을 통해 생활기록부 Ⅱ를 확인할 수 있습니다. 학교마다 조금씩 다르긴 하지만 대원외고와 외대부고는 지원서, 자기소개서, 생활기록부Ⅱ를 공통서류로 제출합니다. 같은 생활기록부 Ⅱ라도 '외고, 국제고' 입시용을 제출하는 대원외고는 교과학습 발달상황내 세부능력 및 특기사항이 미포함이지만 전국 단위 자사고인 외대부고는 교과학습 발달상황내 세부능력 및 특기사항이 포함됩니다. 따라서 제출서류에 포함되지 않는 부분을 학교별로 꼼꼼히 확인해서 자기소개서를 통해 잘 표현해야 합니다. 2024년부터 대입 생활기록부 기재 사항이 변경되었습니다. 생활기록부에 대한 보다 자세히 대입에 대한 내용에서 구체적으로 다룰 예정입니다.

정량평가 & 정성평가

입시에는 정량평가와 정성평가 두 가지 방식의 평가방법이 적용됩니다. 문제에 답이 명확하게 존재하고 객관적인 점수가 매겨지는 방식이 정량평가이고 객관식 시험이 이에 해당됩니다. 수치화된 명확한 데이터와 정보가 기준이기 때문에 점수 처리 방식이 전산으로 빠르게 진행되는 편입니다. 이에 비해 정량평가는 학생부 종합전형이 대표적인 사례인데 수치화되지 않은 정보까지 평가하는 방식입니다. 즉, 서류를 평가할 때 평가자의 주관적인 평가가 반영될 수 있습니다. 대입에서 주요 평가 요소인 인성, 발전 가능성, 학업 역량, 전공 적합성 같은 내용들은 수치로 명확하게 표현하기가 어렵습니다. 내신 성적은 정량평가 방식인데 내신이 조금 부족한 경우라도 생활기록부의 기재 사항이 훌륭하거나 교사의 코멘트가 완성도 있게 기록되었다면 정성평가를 통해 합격의 가능성이 높아지는 것입니다.

고등학교 입시를 위한 자기소개서

2023년 대입에서 자기소개서가 폐지되었습니다. 하지만 고등학교 입시에는 그대로 유지됩니다. 내신과 생활기록부가 조금 아쉬울 때 자기소개서를 통해 부족한 부분을 잘 표현하면 경쟁력을 보강할 수 있는 제도였으나 2023년을 마지막으로 대입에서 자기소개서는 전면 폐지되었습니다.

고등학교 입시에서는 여전히 자기소개서가 포함됩니다. 영재학교, 특목고, 자사고의 입학전형을 살펴보면 해당 학교 지원서와 학교 생활기록부, 자기소개서를 제출해야 합니다. 성취평가제인 중학교 내신성적은 크게 의미가 없기 때문에 자기소개서를 통한 '나'의 브랜딩을 확실하게 하는 것이 무엇보다 중요합니다. 자기소개서는 자신을 공식적으로 소개하고 홍보하는 글입니다. 처음으로 자기소개서를 쓰려면 어떻게 시작해야 할지 막막하기만 합니다. 제한된 글자 수 안에서 지원동기와 발전 가능성, 학업 역량, 자기주도학습 과정의 내용을 명확하게 표현하는 것은 부담스럽고 생각보다 매우 어렵습니다. 보다 완성도 있는 자기소개서를 위해 담임 선생님의 도움을 받거나 첨삭컨설팅을 받는 경우도 많습니다.

그러나 무엇보다 중요한 것은 본인의 글로 써내려가야 한다는 점입니다. 어렵고 복잡하게 쓰지 않아도 됩니다. 긴 글이나 수식어가 많은 꾸며진 글이 멋진 글이라고 착각하는 엄마들도 있습니다. 하지만 조금은 투박하고 미숙하더라도 가장 학생다운 글로 자신을 표현하는 것이 가장 좋습니다. 입학 사정관들은 수많은 자기소개서를 보기 때문에 누군가 도움을 준 글은 금방 알아차립니다. 문장의 흐름이 갑자기 어색해지거나 문체가 바뀌거나 지나치게 어렵고 단어들은 학생이 쓴 것이 아닙니다. 이런 자기소개서는 절대로 좋은 점수를 받을 수 없습니다. 순수하고 학생다운 모습이 잘 반영된 자기소개서에 좋은 점수를 줍니다. 자기소개서를 본격적으로 작성하기 전에 반드시 해야 할 일이 있습니다. 바로 해당학교 홈페이지를 꼼꼼히 살펴보는 것입니다. 특히 지원하려는 학교의 교육목표와 이념 비전, 인재상 같은 학교 고유의 특징을 알아보아야 합니다. 학교가 원하는 학생이 되는 것이 합격의 지름길이기 때문입니다. 자기소개서를 통해 생활기록부 기재 사항을 구체적으로 표현함으로써 해당 학교에서 나를 뽑고 싶어지도록 만들어야 합니다. 이 과정이 바로 입시브랜딩 전략입니다. 수많은 지원자 중에서 돋보이고 차별화되며 호기심이 생기는 지원자여야 합니다. 그래야 면접장에서 다시 한번 보고 싶은 지원자가 되는 것입니다.

자기소개서 양식

학교마다 조금씩 차이는 있지만 대부분 지원동기, 자기주도학습, 진로, 인성 등의 내용에 대해 서술해야 합니다. 영재고인 서울과고의 경우 지원 동기와, 진로, 수학, 과학 분야의 특기나 잠재력, 특별한 경험을 1,800자로 기술해야 하고 서울시 광역 자사고는 1,200자, 전국단위 자사고는 1,500자 이내로 작성해야 합니다. 특히 인성 영역은 대부분의 학교에서 다루는 부분이기 때문에 배려, 협동심, 갈등해결, 리더십, 공동체 의식 등을 학교생활 경험 중에서 구체적인 에피소드를 통해 표현하는 것이 좋습니다.

나의 꿈과 끼, 인성 (1,500자 이내)

스스로 학습계획을 세우며 학습 과정을 통해 본인이 느꼈던 점과 지원동기 그리고 외대부고 입학 후 자기주도적으로 꿈과 끼를 살리는 활동계획과 앞으로의 진로 계획에 대해 기술해야 합니다.

본인의 인성과 관련하여 (배려, 나눔, 협력, 타인존중, 규칙준수 등)개인적으로 경험한 일을 통해 느끼고 배운점을 서술하여야 합니다. 자기소개서 양식을 보면 1,500자 이내로 자기주도학습과정, 지원동기, 꿈과 끼,

진로, 인성에 대해 작성하라고 되어 있습니다. 자기소개서를 처음 쓰려면 어떤 단어와 문장으로 시작해야 하는지 막막하고 어렵게 느껴지는 경우가 많아서 첫 문장조차 시작을 하지 못합니다. 너무 거창하거나 하지도 않은 일을 꾸며내서 과장한 경험은 좋은 글로 표현될 수 없을 뿐 아니라 면접에서도 결국 그 진위가 판가름 날 수 있습니다. 따라서 학생다운 태도로 진솔하고 성실하게 작성하는 것이 가장 좋습니다.

처음부터 완벽하게 잘 쓰려고 하지 말고 나를 알리고 홍보하기 위해 꼭 넣고 싶은 키워드를 죽 나열해보세요. 나의 강점이 잘 드러나는 키워드를 고르고 어떻게 서술할지 고민해야 합니다. 문장을 완성한 후 여러 번 반복해서 읽어보면 어색한 부분과 보강해야 할 부분이 보이게 됩니다. 그리고 나서 학교의 홈페이지를 통해 학교가 원하는 인재상에 맞추어 '나'라는 지원자를 맞춤 브랜딩하면 됩니다. 학교 홈페이지에는 꽤 많은 정보들이 담겨있는데 대부분 입학처에 있는 내용만 읽고 나머지 부분은 자세히 읽어보지 않습니다. 반드시 홈페이지를 꼼꼼히 읽고 학교가 나를 원하게 만들어야 합니다. 서류상의 수많은 지원자 중에서 궁금증이 생기고 흥미가 생겨서 면접장에서 꼭 보고 싶은 면접자가 되어야 합니다.

저는 글쓰기 전문가가 아니어서 전문적인 내용은 다루지 않겠지만 문장이 매끄럽고 자연스럽기 위해서는 한 가지만 명심하시면 됩니다. 주어와 서술어가 정확히 일치하는지만 확인해도 글은 자연스러워집니다. 글이 길어지고 꾸미는 문장이 많아지면 주어와 서술어의 싱크가 맞지 않는 경우가 생깁니다. 글이 지나치게 길어지는 것도 좋지 않습니다. 자기소개서는 소설이 아니기 때문에 모호하거나 추상적이면 안됩니다. 정확한 정보의 전달에 집중하는 글이기 때문에 임팩트있는 짧은 글이 더 좋습니다.

자기소개서에 배제사항

교과성적과 서류만으로 1단계 합격자가 결정되는 입학전형에서 절대 언급되어서는 안 되는 사항이 있습니다. 생각보다 많은 지원서에 배제사항이 기재되어서 감점이나 최하위 등급을 받는다고 하니 마지막 제출까지 여러 번에 걸쳐 꼼꼼하게 확인해야 합니다. 치열한 입시에서 단 1점이라도 감정을 받게 된다면 촘촘한 상위권 지원자들 사이에서 경쟁력이 뚝 떨어져 바로 불합격입니다. 분명히 알고 있었지만 무의식중에 쓰게 되거나 슬쩍 정보를 흘리는 식의 내용들은 바로 감점되니 반드시 주의하셔야 합니다.

올림피아드 및 대회입상 실적, TOEFL,TOIEC,한국어, 수학, 과학 등 각종 시험점수, 영재교육원 교육 및 수료 여부, 가격증 취득사항, 부모(친인척포함)의 사회 경제적 지위 암시, 본인 이름 등은 기재 금지사항입니다. 간접적으로 슬쩍 언급하거나 우회적으로 암시하는 것도 금지되어 있습니다. 고교블라인드제가 시행되고 있어서 고등학교 이름도 블라인드 처리되어 있기 때문에 지원자의 정보는 오로지 생활기록부로만 파악해야 하는 것입니다. 용인외대부고의 경우 배제사항을 기록한 것이 밝혀지면 10% 이상 감정 혹은 0점 처리를 하고, 한성과고의 경우 각 전형단계의 최하등급으로 처리됩니다. 많은 학생들이 학원에서 자기소개서 컨설팅을 받거나 대리작성을 하는 경우도 있는데 수많은 자기소개서를 봐온 입학사정관의 눈을 피해 가기란 쉽지 않습니다. 조금은 투박하더라도 성실한 학생다운 느낌의 자기소개서가 가장 좋습니다.

전국단위 자율형사립고

1. 서울 은평구 하나고등학교
2. 경기도 용인 외대부속고등학교
3. 인천 영종도 인천 하늘고
4. 경북 김천 김천고등학교
5. 충남 천안 북일고등학교
6. 전남 광양 광철고등학교
7. 강원도 횡성 민족사관고등학교
8. 전북 전주 상산고등학교
9. 경북 포항 포철고등학교

10. 울산 동구 현대청운고등학교

서울시 자율형사립고

1. 경희고 동대문구 남고

2. 대광고 동대문구 남고

3. 동성고 종로구 남고

4. 배재고 강동구 남고

5. 보인고 송파구 남고

6. 선덕고 도봉구 남고

7. 세화고 서초구 남고

8. 세화여고 서초구 여고

9. 숭문고 마포구 남고

10. 신일고 강북구 남고

11. 양정고 양천구 남고

12. 이대부고 서대문구 공학

13. 이화여고 중구 여고

14. 장훈고 영등포구 남고

15. 중동고 강남구 남고

16. 중앙고 종로구 남고

17. 하나고 은평구 공학

18. 한가람고 양천구 공학

19. 한대부고 성동구 공학

20. 현대고 강남구 공학

21. 휘문고 강남구 남고

주요 전국단위 자사고 입시요강과 학교별 특징

한국외국어대부속고등학교 (외대부고)

2023년 경기도 용인시 처인구에 위치한 한국외국어대부속고등하교 (외대부고)는 일반전형 196명, 사회통합전형으로 49명을 선발하고, 지역 우수자선발(일반전형 84명, 사회통합전형 21명)을 선발합니다. 온라인을 통해 1단계로 지원서를 접수하면 됩니다. 1차 입학원서와 학교생활기록부로 서류전형을 진행하고 2단계 면접전형을 실시하고 있습니다. 이학교는 지역선발전형이 따로 있고 그 정원이 100명 가까이 되기 때문에 용인지역 거주자라면 노려볼만한 전형입니다. 1학년 성적은 제외하고 2,3학년 4학기의 의 국어, 수학, 영어, 사회, 과학 성적을 차등적으로 반영한 교과성적 점수가 적용됩니다.

면접관 3명과 자기소개서와 생활기록부를 기반으로 한 면접을 치르게 됩니다. 보통 3개 정도의 질문을 하는 경우가 많고 추가적으로 질문이 나가기도 하니 철저한 준비가 필요합니다. 다른 상위권 자사고에 비해 정원이 많고 서울에서 멀지 않기 때문에 1주일에 한번 공식적 외출을 하여 부족한 과목을 학원 수업을 통해 보충할 수 있습니다. 기숙사 시설이나 식당 등 부대시설이 좋은 편이고 기숙사는 2인 1실입니다. 외대부고의 지역우선 선발제도가 점차 다른 학교에도 확대 될 예정이라고 하니 입시요강을 주시하시기 바랍니다.

민족사관고등학교

강원도 횡성군에 위치한 전국단위 자율형 사립고입니다. 1세대 특목, 자사고로 유명하고 파스퇴르 유업의 최명재 회장이 설립한 학교입니다. 한 학년이 160명 내외로 인원 수가 매우 적은 학교이며 2만여 평에 이르는 학교 부지에는 한옥 건물로 된 강의실 두 개동과 야구장, 축구장, 골프장, 국궁장 등 각종 체육시설도 다양합니다. 강원도에 몇 안 되는 명문고등학교로 강원도 관련 행사나 도민 체전등 독특한 체험활동이 가능합니다. 2주일에 한 번 외출이 가능한 기숙사 학교이며 학교 안에 매점이 없어서 주말에 횡성휴게소에서 간식을 사먹는 것이 이 학교 학생들의 낙이라고 합니다. 워낙 시골이라 공부 밖에 할 것이 없다는 게 졸업생들의 이야기입니다.

특이한 점은 학부모 기재사항이 있다는 것인데 부모의 입장에서 민사고에 지원한 이유를 작성해야 합니다. 1세대 자사고 인만큼 자부심도 대단하고 학교 전통이 강한 편입니다. 파스퇴르 재단이 파산한 후 지금은 학교 등록금만으로 운영이 되고 있어서 등록금이 다른 기숙사 학교에 비해서 상대적으로 비싼 편입니다. 학부모 임원단이 학교행사에 적극적으로 참여하고 동아리 활동이나 외부 대회, 외부 행사등에서도 학부모의 지원이 매우 적극적입니다.

일반전형 143명, 전액장학생전형 16명, 횡성인재전형 1명으로 전형은 구분되어 있으나 선발방식은 동일합니다. 국수영사과 주요 과목만 적용하는 외대부고와 다르게 민사고는 전 과목을 1-5단위로 반영합니다.

과목별 2학년 성적은 각 20%, 3학년 성적은 30%씩으로 차등 적용된다는 점도 유의해야 합니다. 대부분의 고입 면접은 인성 위주 면접과 1차 서류인 자기소개서와 생활기록부 기반 면접이 진행되는데 민사고는 과목별 압박 면접과 인성 면접이 별도로 진행됩니다. 인성 면접에서는 공동체 생활역량, 본교 적합성, 건강한 자아에 대해 질문합니다. 1인당 20분 씩 학생 1명에 2-3명의 교사가 참석하여 우리말의 이해, 실용영어, 수리적 사고, 행복한 학교생활, 탐구선택 5개 영역을 종합적으로 평가합니다. 탐구영역의 경우 10개의 과학과 사회 영역 중 1개를 택하면 되는데 생활과학의 경우 생활에서 부딪치는 과학적 상황에 대한 이해력, 창의적 접근력, 문제 해결력에 대해 질문합니다. 실용영어만 면접이 전체 영어로 진행되고 나머지는 한국어로 진행됩니다. 민사고의 면접은 자사고 면접 중에서 가장 어렵다고 알려져 있습니다. 면접 직후 남자 800미터 여자 460미터 오래 달리기를 실시합니다.

하나고등학교

서울에서 유일하게 전국 단위 모집을 하는 하나고등학교입니다. 2010년 하나금융그룹에서 설립한 이 학교는 예전에는 하나금융그룹 임직원 자녀선발전형이 따로 있었으나 현재는 없어진 상태입니다. 하나고는 정원 200명 (일반전형 160명, 사회통합전형 40명)과 정원 외 10명을 선발합니다. 전국단위 자사고지만 서울특별시 소재 중학교 졸업(예정)자와 거주자, 다른 시도 소재 특성화 중학교 및 전국단위 모집 자율학교로 지정된 중학교 졸업예정자 중 서울특별시에 거주하는 자, 중학교 졸업자와 동등의 학력이 있다고 인정된 자로 서울 특별시에 거주자로 제한된 선발을 하고 있습니다. 서울특별시 거주 학생들에게만 지원 자격이 주어지는 만큼 특정 지역의 쏠림을 방지하기 위해 강남,서초, 송파지역학생은 정원의 20%로 제한하고 있는 점도 눈여겨 봐야겠습니다.

1단계 교과성적 40점, 2단계 서류 20점, 면접 40점, 체력검사로 평가하고 1단계 교과성적은 2, 3학년 총 4개 학기의 성적을 과목별로 가중치를 적용하여 적용합니다. 외대부고와 마찬가지로 국어, 수학, 영어, 과학, 사회/역사 성적을 평가합니다. 2단계 면접에서는 자기주도학습 영역, 인성 영역에 대한 종합적 평가를 하고 오래달리기와 윗몸일으키기로 체력검사를 합니다. 코로나 시국에는 한시적으로 학생건강체력평가 (PAPS)를 제출하기도 했습니다.

2023년 서울대 수시 합격자를 가장 많이 낸 학교가 하나고입니다. 42명의 최초 합격자를 배출하며 4년 연속 1위를 지켰습니다. 지난해 41명보다 1명 늘어나 수시 최강 면모를 과시했습니다. 하나고는 수시 1단계 합격자 조사에서도 55명으로 1위에 오르기도 했습니다. 하나고는 수능 위주 주입식 교육에서 탈피해 엘리트 교육을 표방하는 교육과정을 운영하는 특징이 있습니다. 앞서 언급한 민사고의 경우 160여명 정원 중 국내 대학 진학을 희망하는 계열은 겨우 100여 명 남짓인데 올해 22명의 서울시 수시 합격자를 배출했다는 점은 눈여겨봐야 합니다. 인원이 많은 학교에서 명문대 보낸 숫자와 적은 학교에서 보낸 숫자는 의미가 다릅니다. 단순히 서울대를 몇 명 보냈는가를 볼 것이 아니라 실제 등록율을 봐야 하고 그리고 전체 정원대비 몇 명이 갔는지를 확인하는 것도 엄마의 몫입니다. 합격률과 등록율은 수치적으로 다르기 때문입니다.

전국단위 자사고 고려 시 주의할 점

　상위권 대학과 의대 진학율이 높은 전국단위 자율형 사립고는 매해 12월 입시가 본격적으로 진행됩니다. 일반고 전환 논란이 폐지된 후 고교학점제의 시행으로 전국단위 자율형 사립고의 인기는 높아질 전망입니다. 그러나 불합격시에는 거주지역 일반고등학교 배정에서는 불리한 편인 것도 사실입니다. 선호도가 낮은 고등학교로 강제 배정이 되기 때문에 대부분의 전국단위 자사고 불합격생들은 자사고 편입이나 전학을 고려하곤 합니다. 사실 상위권 학생들이 많이 몰리는 학교 인만큼 성적의 경쟁도 치열하고 게다가 모든 전국단위 자사고는 기숙형 학교입니다. 거의 모든 학교 기숙사는 1인 1실이 아니라서 사생활이 보장되지 않고 개인 공간이 없다는 것은 요즘 아이들에겐 꽤나 심각한 문제가 아닐 수 없습니다. 실제로 많은 아이들이 공부나 성적의 고민보다는 기숙사 생활을 힘들어 해서 전학을 하거나 퇴학을 하고 검정고시를 통해 대입을 치르기도 합니다.

대부분 전국단위 자사고는 정기적으로 학교 투어를 실시하고 있으니 관심 있는 학부모는 아이를 데리고 학교 투어를 할 수 있습니다. 자사고는 교육 과정 및 학사 운영의 자율성이 보장되어 있기 때문에 학교마다 특성과 커리큘럼이 조금씩 다릅니다. 학교 홈페이지를 꼼꼼히 확인하고 학교 설명회에 참여하면 내 아이에게 가장 잘 맞는 학교를 비교하여 고를 수 있습니다. 어떤 동아리가 있는지, 학교 식단은 어떤지, 학교 시설, 커리큘럼 등 세부적인 내용을 비교하고 아이와 함께 학교 선택을 하면 좋습니다. 반드시 명심하실 점은 학교의 최종선택은 엄마의 결정보다는 아이가 해야 합니다.

자녀를 기숙사 학교에 보내는 엄마의 마음은 비슷합니다. 학교 시설이 좋은지, 아이가 아플 때 급히 갈 병원이 근처에 있는지, 기숙사에서 한방에 몇 명이 같이 쓰는지, 화장실은 깨끗한지 등 생활적인 면을 걱정하게 됩니다. 중학교를 막 졸업하고 이제 16살이 된 아이가 독립을 하는 셈이니 말입니다. 스스로 생활 관리를 해야하고 시간 관리, 자기관리까지 철저히 할 수 있도록 지도해야 합니다. 생각보다 많은 학생들이 옷장 정리라던지 빨래 관리, 청소 같은 일상적인 부분에서 어려움을 겪거나 매우 귀찮아서 잘 하지 않는 경우가 많습니다. 기숙사 입소를 하게 되면 하기 싫은 일들도 꼭 하도록 생활지도를 해주면 좋습니다.

고교학점제 확정안

고교학점제의 확정안이 2023년 2월 안에 나온다고 했는데 이 글을 쓰고 있는 현재 아직 나오지 않고 있습니다. 2021년 교육부가 발표한 고교학점제에 따르면 학생이 기초소양과 기본 학력을 바탕으로 진로, 적성에 따라 과목을 선택하고 이수 기준에 도달한 과목에 대해 학점을 취득, 누적하여 졸업을 할 수 있다고 합니다. 192학점을 채우면 졸업이 가능하고 진로에 따라 원하는 과목을 선택해서 들을 수 있습니다. 9등급 내신 상대평가가 아닌 성취평가제이며 타 학교의 수업 및 온라인 수강 혹은 학교 밖 전문가나 지역공동체와의 협의를 통해 수업을 받을 수 있습니다. 1학년 때는 국영수 공통과목을 내신 9등급 상대평가로 석차 병기하고 2학년부터는 선택과목을 성취평가제로 실시한다고 했던 기존 정책에서, 교육부는 전 학년 절대평가를 실시를 고려한다고 2023년 1월 발표했습니다. 1학년 성적이 좋지 않으면 수시를 포기하고 수능에 집중하느라 학교 수업을 소홀히 할 수 있다는 지적이 있었기 때문에 전 학년 절대평가로 진행한다고 발표했습니다. 23년 2월에 구체적인 확정안이 나온다고 했는데 아직 나오지 않고 있습니다.

사실 수학능력시험은 9등급 상대평가제인데 고교학점제는 성취평가제라니 참으로 이상한 일입니다. 취지만 들여다보면 정말 의미있고 학생을 위한 좋은 제도이고 시스템입니다. 그러나 실제 입시에 미치는 영향은 꽤 클 것으로 보입니다. 내신의 소숫점 차이로 학교 이름이 바뀔 만큼 경쟁이 어마어마하게 치열한 내신 9등급제가 없어진다면 내신 따기가 불리해 꺼리던 상위권 자사고, 특목고로의 쏠림현상은 심화될 것입니다. 특목 자사고의 경쟁률이 최고였던 2016년에 비하면 2022년은 1점대 초반 경쟁률을 보였습니다. 하지만 고교학점제 확정안이 나와서 전 학년 성취평가제가 공식화되면 다시 중3들의 고입 입시경쟁은 치열해질 것으로 예상됩니다.

고교학점제로 인해 힘들기는 대학도 마찬가지입니다. 수시 학생부 종합전형과 교과전형의 최대 핵심인 9등급 내신이 없어지니 입학 선발기준이 대폭 축소 되는 것이니 말이죠. 따라서 신입생 선발기준을 새로이 마련해야 하거나 강화해야 하기 때문에 쉽지 않은 문제입니다. 주요 대학 입학처의 의견 조율을 하느라 아직 확정안이 나오지 않는 것으로 보이고 각 대학 입학처와 교육부의 팽팽한 줄다리기에 귀추가 주목됩니다. 내신의 변별력이 사라지기 때문에 이를 보강하기 위한 대학별 고사나 면접이 강화될 수 있고 내신만을 집중적으로 보는 학생부 교과전형은 축소가 될 것으로 보입니다.

2022년, 특목고 폐지 논란을 백지화 시켰고 오히려 이번 고교학점제의 시행으로 상위권 자사고와 특목고의 인기가 다시 높아질 것은 명백합니다. 그렇게 되면 고교 서열화가 표면화 되고 중학생들의 고입 입시경쟁 또한 본격화될 것으로 보입니다. 내신 반영 방식과 위에서 살펴본 문제점들에 대해 어떤 해결책을 내놓을지 기다려집니다.

특목고, 자사고가 입시에 유리한가요?

'물 좋은 곳으로 가라'는 말이 있듯이 좋은 학생들과의 유익한 경쟁은 아이들을 더 성장하게 한다고 생각합니다. 제 말을 오해하시면 안됩니다. 특목, 자사고를 권장하거나 무조건 가라는 것이 아닙니다. 아이들끼리의 경쟁과 서로에게 받는 자극 그리고 동기부여는 그 누구도 해줄 수 없습니다. 부모님도 선생님도 학교도 해줄 수 없습니다. 상위권 아이들끼리 주고 받는 시너지효과를 통해 서로 윈윈하는 결과만으로 입시 결과를 떠나서 충분히 진학할 만한 가치가 있다고 생각합니다. 또 한가지 중요한 것은 입시를 한번 치러봤다는 경험인데, 대학 입시는 수시에서 6개 학교에 지원을 하고 정시에서 3개 학교에 지원합니다. 서류 접수 자체가 복잡하고 내야 하는 서류도 많습니다. 온라인 접수를 할 때도 신중하 게 확인하고 오타가 없는지 체크 또 체크 해야 하는 매우 번거로운 과정입니다. 이 모든 것을 대입에서야 처음 하는 아이와 고입에서 한번 해본 아이는 체감하는 어려움이 분명히 다릅니다. 합격을 했던 불합격을 했던 고입을 겪어 본 아이는 경험에서 나오는 내공이 분명히 쌓이게 됩니다.

학교의 설립 목적에 따라 교육과정이 다르게 운영되기 때문에 고등학교 3년 동안 배우는 과목이 다릅니다. 과고, 외고 등 특목고 진학을 희망한다면 전공 관련 과목의 실력이 가장 중요합니다. 과학고는 수학과 과학, 외국어고 영어와 전공 외국어, 예체고, 국제고 역시 전공 관련 과목에 대한 철저한 준비를 해야 합니다. 특목고는 교육과정 특성상 전공 적합성이 뚜렷하기 때문에 학생부 종합전형에 유리하다는 장점이 있지만 전문교과 과목이 시험과목이 아닌 수능에는 다소 불리할 수 있습니다. 교과 선택과목과 수능 선택과목은 조금 다릅니다. 이 부분은 뒤에서 다시 다룰 예정입니다. 일반고는 내신따기가 상대적으로 수월하기 때문에 학종이나 교과전형에 유리하고, 수능에 집중할 수 있는 교육과정이라는 점이 정시 준비에도 유리하다는 장점이 있습니다. 자사고(자공고)는 교육과정은 일반고의 동일하지만 우수한 학생들이 모여 있는 만큼 내신 따기 어려움이 있을 수 있다는 점을 기억하시기 바랍니다.

현행/ 선행/ 심화학습

특목 자사고로의 진학을 위해 얼마만큼의 선행이 필요한 지에 대한 질문을 수도 없이 받았습니다. 남들 다 하는 선행학습을 하지 않으면 아이도 엄마도 불안하고 초조합니다. 적어도 수 I, II 는 다 마치고 간다더라, 물화생지 한 바퀴는 돌리고 가야 한다더라, 영어는 초등학교 졸업하면서 수능 영어 1등급 나올만큼은 해야 SKY 대학에 간다더라 등등 엄마들사이에서 근거없는 소문은 마치 그것이 진실인 양 꼬리에 꼬리를 물고 이어집니다.

결론부터 말하면 '선행은 할수 있으면 하는 것이 좋다'입니다. 단, 선행학습은 현행학습이 탄탄하게 되고 있는 아이에 한해 시키는 것이 좋습니다. 현행 학습의 진도와 범위에도 버거워서 공부 자체를 힘들다고 느끼는 아이에게 무리한 선행 학습은 전혀 도움이 되지 못하기 때문입니다. 사실 엄마들도 이를 알고 있는 분들도 많습니다. 하지만 주변의 분위기와 선행을 하지 않으면 안될 것 같은 불안감에 무조건 아이를 선행학원으로 몰아넣는 경우가 많습니다. 실제로 많은 학원들은 자체적 레벨테스트를 통해 아이를 선발하는데 레벨테스트가 선행을 요구하는 경우가 많습니다. 선행이 되어 있지 않으면 아무리 현행학습에서 우수한 아이라도 레벨 테스트 응시 자체가 불가능하고 학원에 상담을 가면 소위 실장님들의 화려한 언변에 귀가 팔랑이게 됩니다.

"다른 아이들은 대부분 2년 이상 선행이 되어 있는데 아직 안 시키셨나봐요."

"조금 늦었지만 이제라도 부지런히 시키셔야겠네요."

학원에 상담을 가면 대부분 '실장님'들을 먼저 만나게 됩니다. 이 분들은 자녀의 입시를 마친 후 학원에서 일을 하는 경우가 많습니다. 물론 자녀들의 명문대 입학은 기본 조건입니다. 그 학원에서 공부했던 아이 중에서 명문대에 입학한 경우, 학원은 그 아이의 엄마에게 슬쩍 제안을 합니다. 학원에서 개별적으로 선발하기도 하지만 대부분은 그 학원을 다닌 아이의 엄마가 뽑히는 경우가 많습니다. 중고등학생 엄마들에게는 아이를 명문대에 보낸 엄마가 엄청나게 멋져 보이고 대단해 보입니다. 그리고 그들처럼 되고 싶다는 부러움과 우리 아이도 이 학원에서 공부하면 명문대를 갈 수 있을 거 같아 나도 모르게 학원에 수강신청을 하게 됩니다.

다시 한번 말하면, 선행을 하지 말라는 것이 아닙니다. 가능한 아이는 선행을 하는 것이 좋습니다. 공부에 재미도 느끼고 새로운 것을 공부하는 것을 좋아하는 호기심 많은 아이에게는 추천하고 싶습니다. 하지만 중학교 단계에서는 무리한 선행보다는 한 학기 정도의 선행이면 충분합니다. 현행학습이 전혀 무리가 되지 않고 즐겁게 하고 있어야 합니다. 이 과정이 가능한 아이라면 심화학습에 도전할 것을 추천합니다. 심화학습은 선행과는 분명히 다릅니다. 하지만 많은 엄마들이 착각하고 있는 것이 있는데, 선행을 충분히 해서 진도를 빼야 심화문제를 잘 풀 수 있다고 생각합니다. 물론 틀린 말은 아닙니다. 수학의 경우 선행을 통해 상급 학년의 공식이나 개념을 이해하고 있으면 쉽게 풀 수 있는 문제들이 있습니다. 하지만 공부라는 과정 자체가 힘들거나 부담스러워서는 절대 안 됩니다. 공부는 궁금한 것을 찾아서 새롭게 무언가를 알아가는 재미있는 과정이어야 합니다. 현행이 즐겁다면 심화를, 심화도 버거워하지 않고 잘 따라오면 선행도 추천합니다. 무리한 선행은 현행마저 무너지게 하는 지름길이라는 것을 잊지 마셔야 합니다.

"우리 아이는 중학교 진도 다 뽑았어요."

선행은 특히 수학에서 많이 진행되는데 선행을 얼마나 했는지가 자랑인 엄마들이 있습니다. 억지로 진도만 나간 선행은 아무런 의미도 없으며 공부 자체를, 수학이란 과목을 아예 부정적으로 인식하거나 하기 싫은 것, 해도 안되는 과목, 숙제하기도 힘든 과목이란 인식이 생기게 합니다. 뻔한 말 같지만 현재 수업에 충실한 아이가 학습 태도도 좋으며 학습 습관이 잘 잡혀 있는 경우가 많습니다. 어설픈 선행을 한 아이들은 학교 수업을 지루해 하거나 다 배운 내용이라며 집중하지 않기도 하는데 이는 매우 바람직 하지 않습니다.

고등학교에서 배우는 것

2015개정 고교 교과목 구성표를 살펴보겠습니다. 1학년 때는 공통국어, 공통수학, 영어, 한국사, 통합사회, 통합과학, 과학탐구실험을 공부하고 2학년부터 일반 선택과목과 진로 선택과목으로 나누어 선택하면 됩니다. 따라서 1학년때 공통과목을 통해 기초적인 소양을 배우고 흐름을 파악한 후 2학년부터 본격적으로 적성과 진로에 맞는 선택과목을 선택하는 것이 중요합니다. 자신의 진로에 도움이 되는 과목이 무엇일지 꼼꼼하게 살펴보고 원하는 전공과목에 도움이 되는 과목을 선택해서 이수해야 합니다.

교과영역	교과(군)	공통과목	선택과목	
			일반선택	진로선택
기초	국어	국어	화법과 작문, 독서. 언어와 매체, 문학	실용국어, 심화국어, 고전읽기
	수학	수학	수학Ⅰ, 수학Ⅱ, 미적분, 확률과 통계	기본수학, 실용수학, 인공지능수학, 기하, 경제수학, 수학과제탐구
	영어	영어	영어회화, 영어 Ⅰ, 영어 독해와 작문, 영어Ⅱ	기본영어, 실용영어, 영어권문화, 진로영어, 영미 문학읽기
	한국사	한국사		
탐구	사회	통합사회	한국지리, 세계지리, 세계사, 동아시아사, 경제, 정치와 법, 사회와 문화, 생활과 윤리, 윤리와 사상	여행지리, 사회문제 탐구, 고전과 윤리
	과학	통합과학 과학탐구실험	물리학Ⅰ,화학Ⅰ,생명과학Ⅰ, 지구과학Ⅰ	물리학Ⅱ,화학Ⅱ,생명과학Ⅱ,지구과학Ⅱ,과학사, 생활과 과학, 융합과학
체육·예술	체육		체육, 운동과 건강	스포츠 생활, 체육탐구
	예술		음악, 미술, 연극	음악연주, 음악감상과 비평, 미술 창작, 미술 감상과 비평
생활·교양	기술·가정		기술·가정, 정보	농업 생명과학, 공학 일반, 창의 경영 해양 문화와 기술, 가정과학, 지식재산일반, 인공지능 기초
	제2외국어		독일어Ⅰ,프랑스어Ⅰ,스페인어Ⅰ,중국어Ⅰ 일본어Ⅰ,러시아어Ⅰ,아랍어Ⅰ,베트남어Ⅰ	독일어Ⅱ,프랑스어Ⅱ,스페인어Ⅱ,중국어Ⅱ 일본어Ⅱ,러시아어Ⅱ,아랍어Ⅱ,베트남어Ⅱ
	한문		한문Ⅰ	한문Ⅱ
	교양		철학, 논리학, 심리학, 교육학, 종교학, 로와 직업보건 환경, 실용경제, 논술	

고등학교 교과목 구성

2022 서울대학교 학생부종합전형 안내에 따르면 교과 성적을 평가할 때 학생이 이수한 과목의 선택 상황을 고려한다고 발표했습니다. 이 말의 의미는 소수 학생이 선택해 적은 인원수로 인한 불리한 내신을 받거나 난이도가 높은 과목을 이수했을 때 수치상 결과가 좋지 않더라도 학생의 도전 정신과 배움에 대한 호기심을 긍정적으로 평가한다는 의미입니다. 고등학교 교육과정에서 배운 역량이 대학에서 전공하고자 하는 학과의 공부를 성공적으로 할 수 있는 기초가 됩니다. 그 배움의 과정에서 드러난 학생의 우수한 역량을 판단하는 것이 학생부 종합전형의 핵심이라고 할 수 있습니다.

교육과정의 편제

일반고등학교 교과과정은 교과와 창의적 체험활동으로 나뉘고 교과는 보통교과와 전문교과로 나뉩니다. 일반고에서는 보통교과를, 특목고에서는 전문교과를 운영합니다. 분야별 특수한 인재를 양성한다는 목표로 설립된 외국어고, 과학고, 국제고, 예체능고 등은 특목고에 해당 됩니다. 특목고는 교육 과정상 전문교과 편성을 일정 비율 할당하고 있습니다. 외국어고의 경우 전공관련 전문교과 I 을 72단위 이상 이수해야 하고, 전문교과 편성 시 전공 외국어를 포함한 2개 국어를 편성하되 전공외국어 비율은 60% 이상이어야 합니다. 국제고도 전문교과 I 의 외국어 계열과목 및 국제계열 과목이 72단위 이상(국제계열 과목 50%이상 편성)되어 있습니다. 과학고 역시 수학과 과학 등 전공관련 과목들을 72단위 이상 이수하도록 되어 있고, 예체고 역시 전공 관련 전문교과가 72단위 이상 이수하도록 편성되어 있습니다.

고등학교 교과범위와 수능 교과범위는 조금 다릅니다. 교과과정의 일반 선택과목과 진로 선택과목의 분류와 달리 수능에서는 국어와 수학 영역의 공통과목이 있고 선택과목이 있습니다. 국어 공통과목은 독서와 문학, 선택과목은 화법과 작문과 언어와 매체 중 한 과목을 택해야 합니다. 수학의 경우 수학 I , II 를 공통으로 택해야 하고 선택과목으로는 확률과 통계, 미적분, 기하 중 한 과목을 택하면 됩니다. 수능 선택과목의 기하는 고등학교 교과과정에서 진로선택과목라는 점이 특이점입니다.

수능 출제 범위

영역	2022년 이후 수능 범위	비고
국어	공통: 독서,문학 선택:화법과 작문, 언어와 매체 중 택 1	
수학	공통: 수학 I , 수학 II 선택: 확률과 통계, 미적분, 기하 중 택 1	
영어	영어 I , 영어 II	절대평가
한국사	한국사	절대평가
탐구	사회, 과학 계열구분없이 택2 사회: 9과목, 과학 8과목	
제 2외국어 /한문	9과목 중 택 1(독일어 I ,프랑스어 I ,스페인어 I ,중국어 I 일본어 I ,러시아어 I ,아랍어 I ,베트남어 I)	절대평가

자연 계열의 진로를 정했다면 확률과 통계, 미적분, 기하 모두 다 배워야 하는 경우가 있습니다. 대학에서 수능 과목을 지정하기 때문인데, 서울 소재 주요 대학은 수능에서 수학이나 탐구 영역에서 특정 과목을 지정하고 있어서 희망학교의 입학요강을 꼼꼼히 보아야 합니다. 대학이 이렇게 과목을 지정하는 이유는 수능 수학 선택과목에서는 한 과목만 선택해서 시험보면 되기 때문에 확률과 통계, 미적분, 기하 중 한 과목만 집중적으로 공부하고 다른 과목은 소홀히 할 것을 우려한 것입니다. 대학에서 공부하려면 필요한 공부가 있으니 미리 공부를 하고 오라는 의미로 해석하면 됩니다. 공학계열을 희망한다면 공대는 수학이 기본이기 때문에 미적분, 기하까지 공부가 되어 있어야 전공 공부를 따라가는 데 무리가 없을 것이고 따라서 과학도 충실하게 공부하고 확률과 통계, 미적분, 기하까지도 공부하고 오는 학생을 원하는 것입니다.

모든 공부의 기본은 국어

2022학년도부터 국어 과목에 선택영역이 생긴 이래, 어느덧 벌써 선택 영역 시행 3년차가 되었습니다. 2022학년도에는 6월 모의평가, 9월 모의 평가, 수능 모두 '화법과 작문'의 선택자 수가 '언어와 매체'보다 두 배 이 상 많았습니다. 문법 개념에 대한 공부를 시작해야 한다는 것 자체가 학 생들에게 큰 부담으로 다가왔다고 보여집니다. 다만 '언어와 매체'가 표 준점수에서 이득을 볼 수 있다는 정보가 누적되자, 2023학년도에는 응 시자 수가 비교적 많이 늘어 2배수까지는 되지 않고 화법과 작문의 응시 자가 1.7배 정도 더 많은 수준이었습니다. 후술하겠지만 개정 교육과정 속에서도 수능 체제에는 큰 변화가 없을 것이고, 한 번의 수능 패러다임 이 적어도 꽤 오랜 기간 지속된다는 점을 통해 볼 때 현행 2개의 국어 선택과목 체제 또한 꽤 긴 시간 동안 유지될 것으로 보입니다. 그렇다면 '화법과 작문', 그리고 '언어와 매체' 중 어떤 것을 선택하는 것이 현명할지 알아보겠습니다.

정답은 간단합니다. 문법 개념을 꼼꼼히 공부할 정도의 여유가 있고, 표준점수 1점이 아쉬운 수준의 학생이라면 언어와 매체를 선택하지 않을 이유가 없습니다. 고등학교 2학년 마지막 학력평가나, 고등학교 3학년 첫 학력평가에서 3~4등급 정도를 받는 학생까지는 '언어와 매체'를 선택하는 것이 옳다고 봅니다. 다만 고등학교 3학년이 되기까지 공부에 익숙하지 않았고 다른 과목까지 전체적으로 노 베이스에 가까워 백지부터 시작하는 학생의 경우, 표준점수가 아깝다고 하여 '언어와 매체'를 선택할 필요는 전혀 없습니다. 수능에 등장하는 문법 개념이 그렇게까지 어렵지는 않다 하더라도 시험 장에서 한정된 시간 안에 45문제를 푸는 것은 다른 문제이기 때문입니다. 문법 개념을 깔끔하게 5회 독 이상 하기 위해서는 꽤나 많은 시간이 들고, 기출 문제가 계속 누적됨에 따라 어떤 과목이든 학습량이 늘어나고 있는 현 대입의 상황에서 노 베이스 학생까지 '언어와 매체'를 선택하는 것은 학습에 큰 부담이 될 것이라 생각합니다.

반면 '화법과 작문' 영역은 아무런 배경 지식과 공부 없이도 비교적 쉽게 풀 수 있는 편입니다. 선택과목 시절의 수능은 아니지만, 2019학년도 수능과 같이 이례적으로 어려웠던 해를 제외하고 '화법과 작문'이 어려웠던 시험은 없었습니다. 애초에 교육과정의 내용을 보았을 때 어렵게 낼 수가 없는 부분이기도 하며, 상위권 학생들의 경우 기출 세트를 푸는 것 외에 수험기간 내내 화작을 아예 공부하지도 않는 학생이 대다수이기 때문입니다. 그렇기에 학생 본인의 수준을 잘 파악하고, 어떤 영역을 선택할지 신중히 고민한 후 1년의 공부 계획을 수립하는 것이 매우 중요합니다.

수능 지문의 LEET화

수능이 17학년도부터 기존과 다른 패러다임을 채택한 후, 수능 국어는 언어영역~국어영역 초기(2016년까지)와는 정반대의 길을 걷고 있습니다. 독서 영역이 본격적으로 어려워진 7년 전이나 지금이나 국어 점수를 판가름하는 것은 독서 영역이라고 봐도 무방한데, 수험생이 된 이후 공부하는 정도로는 독서 영역에 있어 유의미한 변화를 가져올 수 없습니다. 문법의 개념이나 문학 작품에 대한 일반적인 방법론 등을 체화해 시간을 단축하고 어느 정도 점수를 높일 수는 있겠지만, 독서 지문을 파헤쳐서 온전히 이해하는 능력은 고등학생이 되기 전부터 갖추고 있어야 합니다.

2017-19 학년도 즈음, 즉 독서 영역이 최근 3년만큼 고도화되기 이전

에는 긴 지문이 곧 '킬러' 지문이었습니다. 학생들은 1면을 전부 채우고도 남는 지문의 분량을 보면 긴장을 하게 되고 몸이 굳어 이런 지문들에서는 1~2문제 정도 답을 찍어 맞추기 일쑤였습니다. 하지만 평가원은 학생들이 긴 킬러 지문에 익숙해질 즈음, 20학년도를 기점으로 이러한 기조에도 변화를 주기 시작했습니다.

기존의 지문들은 A → B → C의 논리 구조를 택하고 있었다면, 새로이 등장한 킬러 지문들은 A → (B) → C 의 논리 구조로 중간 과정이나 부연 설명을 대부분 생략해 학생들이 편하게 지문을 읽지 못하게 만들고 있습니다. 마치 법학전문대학원 입시의 법학적성시험인 LEET 지문과도 같이 느껴지기도 합니다. 실제로 이 시기를 기점으로 하여 많은 스타 강사들이 커리큘럼에 LEET 지문을 대거 추가하기도 했습니다. 2020학년도 9월 모의평가의 '점유' 관련 지문으로, 한 면의 절반밖에 차지하지 않는 길이에도 불구하고 당해 오답률 2위 (독서 지문 중 1위) 문제를 배출했습니다.

결론짓자면, 최근의 지문들은 불친절합니다. 어려운 지문은 문제를 푸는 데 꼭 필요한 정보만 담고 있고, 사고 과정을 돕는 부연 설명이 일절 존재하지 않아 한 번 사고 흐름을 놓친 후 이를 다시 잡기가 쉽지 않습니다.

다독이야말로 해결책

그렇다면 어떻게 해야 고등학생이 되기 전부터 이러한 '불친절한' 국어 영역에 대비할 수 있을까요? 정답은 진부하지만 간단합니다. 어렸을 때부터 책과 익숙해져야 하는 것입니다. 이렇게 어려운 지문을 읽는 것은 한 땀 한 땀 문장을 풀어나가는 과정이 아니라, 무의식적인 과정이어야 하기 때문입니다. 다만 책에 익숙해지게 한다고 학생에게 무작정 독서를 시켜서는 곤란합니다.

아이러니하게도 '독서를 많이 해서 국어를 잘하게 되는 것'이 아니라, '국어에 재능이 있기에 독서를 많이 할 수 있는 것'이기 때문입니다. 언어에 재능이 있는 학생들도 앉은 자리에서 두껍고 글자가 많은 책을 몇 시간 동안 읽기 힘든 법인데, 평범한 재능의 학생들에게 이러한 강제적인 독서가 가능할 리 없습니다. 명목뿐인 독후감 작성, 논술 수업 등은 독서에 자발적으로 친해지지 않은 학생에게 그저 지루한 시간일 뿐인 것입니다. 논술 학원에 학생을 붙잡아놓고 억지로 읽게 하는 열 권의 책보다 스스로 찾아서 읽는 한 권의 책이 훨씬 유익합니다. 엄마들의 불안감이 논술학원, 국어학원, 토론학원으로 아이들을 내몰고 있습니다

학생이 진심으로 책에 흥미를 느끼고 한 문장 한 문장 집중해서 읽게 하기 위해서는 본인이 원하는 책을 집어 읽도록 해야 합니다. 그것이 만화책이든, 학습만화이든, 고전 명작 그림책 전집이든, 보통의 이야기책이든 무관하며 문장을 읽는 과정을 통해 글에 친숙해질 수 있다면 어떤 것이라도 좋습니다. 엄마들이 선택해주는 책이 아니라 아이가 직접 책을 고르게 하는 과정이 반드시 필요합니다. 아이의 책은 대부분 엄마가 골라서 사는 경우가 많지만 아이와 서점에 가서 같이 책을 고르고 최종 결정은 아이가 하도록 하는 것을 잊지 말아야 합니다. 어렵고 두꺼운 책이 반드시 아이에게 필요한 책은 아니기 때문입니다.

학생에게 해가 되는 책은 없다는 것을 꼭 유념해야 합니다. 학습적으로는 유익한 내용이 전혀 없는 일반 만화책조차 출판사를 통해 검수된

표현과 완결된 문장을 사용하기에 일반 미디어 매체에서 접하는 온갖 표현들보다 얻는 것이 많습니다. 제 아이는 초등학교 저학년 시절 한 만화 책에서 '오호, 통재라!'라는 표현을 배웠는데, 십수 년이 지났음에도 불구, 이 표현을 기억하고 사용하고 있습니다. 특히 어린 시절의 독서가 기억에 오래 남고 이 당시 형성되는 문장에 대한 이해가 평생 간다고 보아도 무방하기에 초등학생부터 중학생까지의 시기에 거침없는 독서 경험을 쌓는 것이 몹시 중요한 것입니다.

결국 종류를 가리지 않고 다독하는 것이 문해력 향상의 열쇠라고 볼 수 있겠습니다. 학생에게 만화책, 학습 만화책, 판타지 장편 소설, 추리 소설 등 어느 하나 가리지 않고 읽도록 하고 흥미를 보이는 장르의 책은 조금 더 준비해 주는 등의 노력을 기울인다면, 언어의 재능이 평범한 아이라도 앞으로 어떻게 더 고도화될지 모르는 수능 국어에서 만족할 만한 성과를 거둘 수 있을 것입니다.

독서를 논술로 확장하기

독서 습관은 한 순간에 생기기 어렵습니다. 독서의 중요성을 모르는 엄마는 없습니다. 하지만 아이가 책 읽기에 흥미를 느끼고 나아가 논술이나 토론으로 확장시키는 방법을 잘 아는 엄마는 많지 않습니다. 많은 아이들이 책 읽기를 거부하거나 지겹고 힘든 일이라고 느낍니다. 왜 이런 부정적 정서가 생기게 되었는지 찬찬히 돌아보아야 합니다. 우리의 뇌는 익숙한 것을 선호하고 편하고 즐거운 일을 좋아하는 본능이 있습니다. 따라서 책 읽기, 독서라는 말만 들어도 얼굴을 찌푸릴 정도로 부정적인 감정을 가지고 있다면 이것을 긍정적인 정서로 바꿔주어야 독서가 논술과 토론으로 확장될 수 있습니다.

어릴 때부터 글이란 즐겁고 재미있는 것이라는 긍정적 정서를 갖추고 있어야 상위 단계의 책 읽기가 즐겁고 자발적으로 하게 됩니다. 아무리 강조해도 지나치지 않은 것은 바로 아이의 결정을 존중해주는 것인데, 아직 어리고 엄마 눈에 아기 같아 보여도 초등학교 저학년 정도 되면 본인 만의 생각이 있고 원하는 것이 분명하게 있습니다. 아이의 생각과 의도를 잘 파악하고 놓치지 않아야 아이와의 제대로 된 소통이 가능하며 아이가 성장해서도 엄마와 이야기 하는 것을 좋아하게 됩니다. 엄마는 책 내용에 관한 적극적인 질문을 통해서 아이의 사고를 확장해주고 호기심을 유발시켜 주는 코치 역할을 하시면 됩니다. 적절한 질문과 효과적인 피드백은 아이와의 대화에 있어서 매우 중요한 부분입니다. 질문을 던짐으로써 아이의 단계적 사고를 유도하고 이를 통해 사고를 확장해 낼 수 있습니다.

책을 고를 때도 학년 필독 도서나 권장 도서 정도는 읽어야 한다는 기대치를 갖지 말고 아이가 원하는 책을 맘껏 읽게 두어야 합니다. 그래야 책 읽기가 힘든 과정이 아니라 즐거운 일이 됩니다. 최근 초등학교에서는 책놀이라는 프로그램을 개발해서 초등학교 저학년들에게 적용하고 있는데 책읽기를 놀이처럼 느끼게 해서 아이가 책 읽는 행위가 즐겁고 흥미로운 놀이로 인식하게 하는 것이라는 점에서 매우 고무적입니다. 요즘 아이들은 긴 문장을 읽기 힘들어 합니다. 문해력 저하가 큰 이슈가 되고 있는 주요 원인이 바로 짧은 텍스트에 익숙한 SNS 적극활용 세대 이기 때문입니다. 책읽기를 좋아하는 아이로 성장시키려면 그들의 세대 특징을 먼저 알아보는 것이 좋습니다.

알파세대 이해하기

MZ세대의 다음을 알파세대라고 부릅니다. 학업, 운동, 일, 성취욕, 자신감 등 모든 면에서 뛰어난 여성을 알파걸이라고 부르는 것 처럼 알파는 +적인 요소, 즉 더 우수하고 우월하다는 의미도 있습니다. 보통 한 세대를 대략 25년을 보는데 MZ세대를 분류하는 기준은 연구소나 조사기관에 따라 조금씩 차이는 있습니다만 대략 1980년대에서 2000년 초반까지 출생한 사람들을 MZ세대라고 보고 있습니다. 그중에서 코어 MZ세대를 따로 분류하기도 합니다. 20대에서 30대초반, 우리가 일반적으로 말하는 MZ 세대가 바로 코어 MZ입니다.

시대의 흐름과 변화가 엄청나게 빠른 최근에는 25년이란 시간은 너무나 많은 변화가 있기 때문에 한 세대로 묶기에는 무리가 있다고 생각합니다. MZ세대 이후 2010년 이후 출생한 알파세대는 밀레니엄 초기세대의 부모 밑에서 태어난 아이들입니다. 밀레니엄 세대는 집중적인 교육을 받은 첫 번째 세대이자 급변하는 밀레니얼 시대를 겪은 세대이기도 합니다. 부모 세대 본인들이 공부에 집중했고 좋은 대학, 남들이 부러워하는 성공을 위해서 무엇보다 교육의 중요성을 잘 알고 있는 세대입니다. 따라서 이들은 다른 어떤 세대보다 높은 교육열을 보이며 알파세대 자녀들의 교육에도 매우 열심입니다. 또한 이들은 그들의 자녀들이 행복하게 살기를 바라는 첫 번째 세대이기도 합니다. 한국교육개발원의 연구조사에 따르면 '우리 사회에서 자녀교육에 성공했다는 것은 어떤 의미인가?'라는 설문조사에서 '자녀가 하고 싶은 일, 좋아하는 일을 하게 되는 것'이, 25.1퍼센트로 1위를 차지했습니다. 이는 매우 의미 있는 변화입니다. 지난 4년간 1위는 자녀가 좋은 직장에 취직하는 것이었습니다. 좋은 대학을 가고 남들이 부러워 하는 직업을 갖는 것보다는 아이가 하고 싶은 일을 하면서 행복하게 살기를 1순위로 꼽는 첫 번째 세대인 것입니다.

알파세대는 비교적 풍요로운 경제 여건 속에서 1명의 자녀로 구성된 핵가족 안에서 자랍니다. 엄마, 아빠, 조부모, 외조부모, 이모, 고모 이렇게 6명, 많게는 8명, 10명의 집중적 관심과 양육을 받습니다. 따라서 자기가 세상의 중심이라는 인식이 강하고 자기애 또한 강한 편입니다. 디지털 네이티브 세대답게 SNS활용에 매우 적극적이고 디지털 기기을 손

쉽게 다루고 사용합니다. 태어나자마자 스마트폰을 접하고 스크린을 터치한 알파세대들은 따로 조작법을 알려주지 않아도 자연스럽게 기기를 만지고 사용할 수 있습니다. 줌으로 학교 수업을 듣고 인공지능 학습지 선생님과 공부하며 음성 인식장치를 통해 티비를 켜고 스마트 홈케어 시스템을 통해 에어컨을 작동합니다. 알파세대에게 디지털 기기는 생활의 일부이자 신체의 일부인 것입니다. 스마트폰 노출은 최대한 늦게 해주면 좋다거나 최소한으로 사용을 제한하자는 여러 전문가의 의견들이 다양하지만 태어나면서부터 내 몸의 일부와도 같은 디지털 기기를 알파세대 아이들에게서 제한하기란 현실적으로 쉽지 않습니다. 또한 아이들은 엄마들이 걱정하는 것처럼 스마트폰으로 게임만 하거나 유튜브를 보면서 놀지만은 않습니다. 아이들이 새로운 정보와 지식과 자신의 관심 분야를 습득하는 방식이 엄마 세대와는 다른 것임에 주목해야 합니다. 제 아이 또한 스마트 폰을 일찍부터 접했고 게임중독이 되는 것 아닐까 싶을 만큼 몰두 한 적도 있습니다.

스마트폰 중독

엄마들의 걱정과는 달리 아이들은 생각보다 현명합니다. 유튜브를 너무 오래 본다고 무조건 알파 세대 아이에게서 스마트폰을 뺏는 것은 효과를 기대하기 어렵습니다. 오히려 아이의 반발이 거세지고 엄마와 갈등만 생기게 됩니다. 하버드대 웨그너 교수의 연구에 따르면 '흰곰을 생각하지 말라'고 지시하면 오히려 더 흰곰이 떠오르는 현상이 발생한다고 합니다. '스마트폰 좀 그만해.'라고 엄마가 말하면 아이는 마음속에 더 단단하게 스마트폰을 하고 싶다고 생각하게 되는 것입니다. 이것을 '사고억제의 역설적 효과'라고 합니다. 또한 미완성 된 것들은 사람들의 마음을 계속 붙잡게 되는 현상이 있습니다. 아이가 유튜브를 시청하다가 엄마가 그만 보라고 강제로 중단시키면 아이의 마음속에는 완성되지 못한 것을 지속적으로 시뮬레이션하게 됩니다. 이것을 심리학에서 '자이가르닉 효과'라고 합니다. 마치 연속극이 가장 흥미진진해질 때 딱 끝나면서 '다음 시간에' 라고 하면 오히려 더욱 궁금해지는 것과 같은 원리입니다.

아이가 어떤 분야의 동영상을 주로 보는지 무심히 툭 물어보세요. 물어봐도 말해주지 않는 아이도 있을 것입니다다. 이때 아이가 답을 하지 않는다고 야단을 치거나 어설픈 조언을 하는 것은 금물입니다. 아이는 말하기 싫은 이유가 있기 때문에 답하지 않는 것입니다. 내가 관심 있고 재미있어서 열심히 보는 동영상을 엄마에게 보여주면 엄마는 뭐 이런걸 보느냐고 못 보게 하거나 스마트폰을 빼앗을 것이라고 생각하기 때문에 아이가 보여주지 않는 것입니다. 이런 아이의 감정을 먼저 읽어주고 굳이 말하지 않는다면 아이의 폰을 슬쩍 들여다 보시면 됩니다. 아이의 관심사를 파악이 우선되어야 합니다. 아이의 관심분야를 인정해주고 설령 그것이 마음에 들지 않는다 하더라도 엄마가 그 분야를 찾아보고 공부한 후 그것에 관련된 질문을 툭 던져보세요. 단, 몰래 스마트폰을 훔쳐서 검사하는 것은 절대 하지 않아야 합니다. 아이의 사생활을 존중해 주는 것 또한 관계를 유지하는 요소이기 때문입니다.

긴 글은 어려워

아이들은 스마트폰 액정화면에 들어가는 짧은 문장을 선호합니다. 짧고 빠르게 소통을 해야 하기 때문에 점점 더 줄임말, 그들만의 은어, 알수 없는 신조어들을 만들어 내곤 합니다. 유튜브나 틱톡을 통해 접하는 짧고 자극적인 영상, 글자수를 줄여서 쓰는 것에 익숙한 아이들은 오히려 정상적인 문장을 불편해하고 점점 더 읽지 않으려 합니다. 요즘 초등학교 교사들은 가정통신문이나 공지 사항을 쓸 때 어려움이 많다고 합니다. 아이들이 긴 글을 읽지 않으려 하기 때문에 최대한 아이들의 눈높이에 맞춰 짧고 간략한 문구로 혹은 이미지화해서 공지 사항을 전달해야합니다. 긴 글은 일단 패스하는 습관이 든 아이들은 상급학교로 진학하면서 어휘력과 문해력에 심각한 빨간 불이 켜지게 됩니다. 얼마 전 뉴스

기사를 통해 요즘 아이들이 '심심한 위로를 전한다'라는 표현을 제대로 이해하지 못한다는 내용을 접했습니다 . '심심한 위로' 는 '마음의 표현 정도가 매우 깊고 간절한 위로' 라는 뜻인데 아이들은 말 그대로 '심심하다' 라고 이해한 것입니다. 위로를 하면서 어떻게 심심하다는 표현을 쓰냐는 웃지 못할 댓글들이 달렸다고 하니 참으로 놀라지 않을 수 없습니다. 심지어 '존귀하다' 라는 말도 '매우 귀엽다' 로, '삼별초의 난'을 '삼별초등학교'라고 알고 있는 아이들이 대부분입니다. 제 조카들이 올해 중학교에 입학한 알파세대입니다. 조카들 역시 두 가지 의미를 '삼별초등학교와 '매우 귀엽다'로 알고 있습니다. 학교 수업시간에도 아이들이 단어의 뜻을 몰라 진도 나가기가 어려운 경우가 많아 일일이 단어를 설명해줘야 한다고 하니 알파세대들의 어휘력은 생각보다 꽤 심각한 수준입니다.

디지털 기기사용이 늘어나면서 동영상(유튜브, 틱톡, 인스타그램 릴스 등) 소비가 폭발적으로 늘고 있다는 점도 주목해야 합니다. 요즘 아이들뿐만 아니라 성인들도 정보검색을 할 때 텍스트 대신 동영상을 통해 정보를 찾습니다. 워낙 접근성이 좋고 글을 읽지 않아도 빠르고 편리하게 그리고 심지어 재미있게 원하는 정보를 찾을 수 있기 때문입니다. 동영상을 볼 때에도 정상 재생속도가 아닌 1.5배, 2배 혹은 4배까지 빠르게 재생시켜 보는 아이들이 많습니다. 원하는 부분만 선택적으로 돌려보는데도 정상 속도가 지루하게 느껴지는 것입니다. 인강으로 공부하는 대다

수의 아이들은 보통 2배속으로 강의를 듣습니다. 정상 속도로 재생하면 지루하고 답답해서 빠르게 듣는 것이 더 좋다고 아이들은 입을 모아 말합니다.

상황이 이렇다 보니 아이들은 읽는 것이 점점 불편하고 어렵습니다. 긴 글 읽기는 더 힘들어 합니다. 글 읽는 것을 힘들어하면 당연히 '독서' 활동은 불가능하고 독서를 통해 사고를 확장하고 논리적으로 생각을 정리하는 과정을 가질 수 없는 것이지요. 책을 통해 얻는 정보와 지식 그리고 책을 읽고 느끼는 감정은 굉장히 느린 자극입니다. 자극적이며 즉각적인 자극에 익숙해진 뇌는 이러한 느린 속도에는 잘 인지하지 못하거나 반응도 하지 않습니다. 뇌는 익숙한 것을 선호하기 성향이 있기 때문입니다.

또박또박 소리내어 읽는 훈련은 매우 도움이 됩니다. 긴 글을 어려워 하는 아이들의 독서 패턴을 살펴보면 모르는 단어는 패스하거나 수평이 아닌 수직으로 책을 읽습니다. 이는 스마트폰의 스크롤에 익숙해져 있기 때문인데요 수평으로 시선을 따라가면서 모든 단어를 읽는 것이 아니라 아래 위로 빠르게 내려가면서 모르는 단어는 건너뛰는 것입니다. 어휘력이 부족하면 당연히 모르는 단어들이 나오고 그 단어들은 패스하고 읽는 악순환이 나타나면서 지문을 이해하지 못하고 당연히 추론능력도 떨어지게 되는 것입니다. 이 글을 읽는 독자들도 본인의 독서패턴을 점검해 보시기 바랍니다. 과연 한 문장, 한 단락에서 내가 패스하고 읽는 단어는 몇 개나 될지 체크해보시고 반드시 모든 단어와 눈맞춤을 하면서 또박또박 읽는 훈련을 해보시기 바랍니다. 이 과정이 익숙해지면 읽기 속도가 빨라지고 다시 한번 글을 읽을 수 있게 됩니다. 반복해서 읽으면 글에 대한 이해도가 증가하고 추론이 가능해지면 어려운 지문도 막힘없이 풀어 내려가는 힘이 생깁니다.

질문의 힘

글을 읽으려 하지 않는 아이들에게 문해력의 중요성을 설명하는 것은 의미가 없습니다. 아이들은 문해력이 왜 필요한지, 문해력 문해력 하는데 도대체 그게 어떤 것인지 크게 관심이 없습니다. 이 아이들에게 문해력을 학습시키기 위해 엄마가 먼저 문해력에 대해 알아야 합니다. 문해력은 단순히 글을 읽거나 쓰는 능력만을 의미하지 않습니다. 진정한 의미의 문해력은 글을 읽고 의미를 이해하는 능력이고 이를 통해 다른 사람과 소통하며 문제를 해결하는 능력을 뜻합니다. 문해력이 떨어지는 아이는 단순히 글을 읽고 이해하는 부족한 것에서 끝나지 않고 시험을 치를 때도 문제를 제대로 이해하지 못하는 경우가 많습니다. 서술형 문제라던가 대입의 논술전형의 경우 답을 문장으로 길게 논리적으로 써야 하는데 가장 첫 번째 해야 할 일은 문제를 정확하게 이해하는 것입니다. 문제의 의도와 방향을 파악하고 그에 맞는 답을 찾아야 하는 데 문제 자체를 제대로 이해하지 못하면 절대로 좋은 점수를 받지 못합니다. 국립국어원에서 정의한 문해력은 '현대사회에서 일상생활을 해 나가는데 필요한 글을 읽고 이해하는 최소한의 능력' 입니다.

글을 읽고 이해하는 능력을 기르는 가장 좋은 방법은 바로 질문을 통해 사고를 확장하는 것입니다. 대화를 하는 데 있어서 질문이 적절하게 개입되면 대화가 풍성해지고 연결되며 두 사람의 에너지를 통해 더 좋은 결과를 낼 수 있습니다. 학습적 부분의 개입은 코칭대화법이 효과적인데 이러한 코칭대화법에서도 가장 중요한 것은 좋은 질문하기입니다. 책을 읽은 후 독후감을 써야 한다던가 독서 기록을 남겨야 하는 부담감을 갖지 않고 자연스럽게 엄마와 대화하면서 책 읽은 느낌을 나누고 엄마는 적절한 질문과 피드백을 통하면 아이에게 책읽기가 지루하고 재미없는 것이 아니라 즐거운 일이 됩니다.

엄마가 적절하게 질문을 잘 던짐으로써 아이의 생각과 감정, 사실을 알 수 있고 단답형 대화가 아니라 계속 대화가 이어집니다. 엄마와의 대화가 즐거운 아이는 더 적극적으로 자신의 감정을 이야기하고 그 과정을 통해 자신의 생각을 잘 들어주는 엄마를 더욱 신뢰하게됩니다. 또한 아이가 획득한 정보를 엄마와 함께 서로 확인하고 검증할 수 있습니다. 질문을 통해 아이가 다시 한번 생각하도록 유도하고 그 과정을 통해 아이의 잠재력을 일깨워 줄 수 있습니다.

질문을 할 때는 대답이 정해져 있는 닫힌 질문이 아니라 열린 질문 형태로 해야 합니다. 예를 들면 '기분이 좋아?' 라는 질문보다는 '기분이 어떠니?' 가 더 좋은 질문이고 '기분이 좋아?' 라고 질문하면 '네.' 혹은 아니오.' 라는 두 가지 답만 나오게 되지만 '기분이 어떠니?' 라고 물으면 '그냥 그래요', '어제보다 기분이 무척 좋아요.' 와 같이 더 다양한 답변이 나오게 됩니다. 두 번째로 아이의 가능성은 미래에 존재하기 때문에 과거보다는 미래에 초점을 맞춘 질문이어야 합니다. '이제까지 뭐했니?' 라는 질문은 과거의 일에 국한된 질문이고 질책하거나 비난하는 느낌을 줄수 있지만 '어떻게 하면 잘 할수 있을까?' 라고 물으면 미래의 잠재력과 가능성에 맞춘 좋은 질문이 됩니다. 마지막으로 긍정적인 관점으로 답할수 있도록 하는 질문을 해야 합니다. 긍정 질문은 생각의 폭을 넓히고 밝은 분위기로 아이의 에너지를 올려 줄 수 있다. '실수하지 않으려면 어떻게 해야 하니?' 라고 실수에 초점을 맞춘 부정질문을 하는 것보다 '더 잘하기 위해 어떤 도움을 받으면 좋을까?' 라는 긍정 질문이 아이의 감정을 다치지 않게 하고 나아가 스스로 답을 찾도록 돕는 질문이 됩니다.

중요한 것은 엄마가 답을 찾아주는 것이 아니라 아이가 충분히 시간을 가지고 생각을 하게하는 것입니다. 열린질문 , 긍정질문, 미래질문을 통해 생각을 확장해 나가는 과정은 아이의 사고력을 쑥쑥 자라게 하고 이 과정에서 전두엽이 활성화 되고 이를 통해 아이의 잠재력과 창의력은 쑥쑥 자라게 됩니다. 다시 한번 강조하지만 답을 찾는 주체는 반드시 아이여야 합니다.

경청하기

　좋은 질문을 통해 아이와 소통을 잘 하고 싶은데 생각처럼 일상 생활에서 잘 되지 않는 경유가 많습니다. 실제로 강의 현장에서 '아이와 대화가 단답식으로 끝나요', '대화가 더 이상 진행이 되지 않아요.', '질문을 해도 아이가 답을 안하니 짜증이 나요.' 라고 말하는 엄마들을 많이 만납니다. 특히 사춘기 시기가 되면 아이는 전두엽의 폭발적인 리빌딩으로 인해 감정 기복이 심하고 정상적인 사고가 어렵기 때문에 엄마가 보기에는 도대체 왜 저런 행동과 말을 하는지 정말이지 이해하기가 힘듭니다. 제 아이가 중학교 시절 사춘기가 절정을 달해 통제불능 아이가 되어버린 적이 있습니다. 그 당시 아이가 엄청난 학교의 학업 속도와 학원 시스템, 동아리 활동, 입시준비 등에 뒤쳐질까봐, 또 한 번 뒤처지면 그 갭을 메꾸지 못할 같아 매일 불안해하며 아이를 다그치고 밀어붙였습니다. 다른 아이는 사춘기도 수월하게 넘어가는데 우리 애만 유난한 거 같아 속상했고 그런 엄마 속도 모르고 아이는 점점 더 엄마에게 곁을 주지 않았습니다.

그 당시 경청의 의미를 제대로 알았더라면 그래서 경청을 실천했더라면 그렇게까지 힘들진 않았을 텐데 하는 생각이 많이 듭니다. 고백하건 데 저는 아이의 생각을 제대로 들어 준 적이 없습니다. 경청을 해본 적이 단 한 번도 없습니다. 늘 일방적으로 통보하고 지시하고 강요했습니다. 왜냐하면 나는 엄마니까 더 어른이라고 생각했고, 엄마니까 아이보다 더 많이 알고 잘 안다고 생각했습니다. 강요하고 지시하고 통보할수록 아이와의 거리는 점점 멀어져 갔습니다.

많은 소통 전문가들은 경청의 중요성을 이야기 합니다. 경청이야말로 모든 관계와 소통의 기본입니다. 그렇다면 경청이란 과연 어떤 의미일까요? 경청은 한자로 풀어보면 '공경하는 마음으로 귀 기울여 듣는다.'라는 뜻입니다. 아이와 대화하면서 특히 학습에 대한 대화를 하면서 아이의 말에 귀 기울여 본 적 있는지 가만히 생각해보세요. 아이의 의견을 존중해주고 진심을 다해 아이의 말을 들어준 적이 있는지 스스로에게 질문해보세요. 고백하자면 저는 그러지 못했습니다. 아이의 말을 제대로 들어주려고 하지도 않았고 엄마 말이 다 맞다고 주장했습니다. 강의현장에서 많은 엄마들에게 질문하곤 합니다. '언제 어디서 주로 아이랑 대화를 많이 하시나요?' 물어보면 '학원에 데려다 주는 차 안에서.' 라고 답하는 경우가 많습니다. 아이를 데려다 주는 차 안 모습을 한번 상상해보겠습니다. 엄마는 운전석에서 전방을 주시하고 있고 아이는 보통 뒷자리에 앉게 됩니다. 학원에 데려다주면서 보통은 '숙제는 다 했는지', '지난번 테스트는 잘 봤는지', '오늘 퀴즈는 어떤 걸 보게 되는지' 등을 묻게 됩니다. 이 장면을 상상하면서 무엇이 잘 못 되었는지 생각해보세요.

대화를 할 때 대화의 내용, 말 그 자체만큼이나 중요한 것은 비언어적 커뮤니케이션 기술입니다. 즉, 비언어적 메세지를 통해서 내가 너와의 대화에 이렇게 집중하고 있다는 것을 보여 줄 수 있습니다. 예를 들면 눈 맞추기, 고개 끄덕이기, 몸을 아이 쪽으로 살짝 기울이기 등이 있습니다. 운전을 할 때 엄마는 전방을 주시해야 하기 때문에 아이와 눈을 맞출 수가 없습니다. 각자 다른 곳을 쳐다보며 대화를 하게 되기 때문에 시작부터 대화가 잘될 리가 없습니다. 엄마의 일방적인 지시사항을 듣는 것은 아이에겐 그저 잔소리로 들리고 엄마의 말에 집중하지 않게 됩니다.

현실적으로 학기 중에 아이들이 시간이 없기 때문에 아이와 얼굴을 맞대고 이야기할 시간은 충분하지 않습니다. 하지만 하루에 단 십 분이라도 좋습니다. 아이와 눈을 맞추고 아이의 말에 귀 기울여 주면서 엄마가 집중하고 있다는 것을 보여주면 됩니다. 중간중간 고개를 끄덕이거나 '어머, 그랬구나!', '대단하네!', '그래서 그다음엔 어떻게 됐어?' 이렇게 질문을 던져보거나 피드백을 주는 것입니다. 하루에 집중적으로 오분이라도 대화를 하는 것이 일주일에 한 시간 몰아서 대화하는 것보다 훨씬 효과적입니다. 엄마의 지속적인 관심과 애정을 느끼는 아이들은 자존감이 높아지고 엄마와의 신뢰 관계가 쌓이면서 자기효능감도 높아지는 긍정적 선순환 효과가 발생합니다.

대화로 소통하는 것은 참으로 중요하고 의미 있는 일입니다. 아이를 바르고 긍정적으로 자라게 하는 큰 힘이고 대화는 기본적으로 잘 듣기에서 출발합니다. 앞서 설명했듯이 경청하는 태도를 가지면 아이는 엄마가 '내 말에 집중해 주고 있구나!'라고 느끼고 엄마와의 대화가 즐겁습니다. 하지만 때로는 그 어떤 말보다 침묵으로 경청하는 것도 매우 귀중한 방법이 되기도 합니다. 반드시 피드백을 주거나 메시지를 주어야 한다고 생각하지 않아도 됩니다. 엄마와 아이의 관계라는 특성상 주로 간섭, 비판, 잔소리, 조언, 선입견이 개입된 어설픈 피드백과 질문을 하기가 쉬운데 차라리 하지 않는 편이 좋습니다.

공자는 '말을 배우는 데는 2년이 걸리지만 침묵을 배우는 데는 60년이 걸린다.'라고 말했습니다. 말하는 것보다 듣는 것이 더 어렵고 힘들다는 뜻입니다. '듣기만 하는 것이 왜 힘들까?' 하고 의아하게 생각하는 분이 있을 것입니다. 저는 제 아이의 말을 경청한 적이 없다고 앞에서 고백한 바 있듯이 생각보다 '듣기'는 매우 어려운 일입니다. 그것보다 더 어려운 것이 침묵입니다. 그 어려운 침묵은 어떤 말이나 행동보다 더 강력한 힘을 가집니다.

   오바마 대통령 재임 시절 미국 애리조나에서 총기난사 사건이 발생했습니다. 희생자들을 추모하기 위해 애리조나를 찾은 오바마 대통령은 한 명 한 명 사망자의 이름을 호명하며 추모했습니다. 그런데 희생자들 중 가장 어린 8살 여자아이의 이름을 부르다가 연설을 중단하고 무려 51초의 침묵을 지켰습니다. 잠시 심호흡을 하고 10초 동안 하늘을 쳐다본 후 이번에는 눈을 깜빡이기 시작했습니다. 가장 어린 희생자의 이름을 부르며 오바마 대통령의 감정이 북받쳐서 목이 메인 것입니다. 이 연설은 미국 전역으로 생방송 되고 있었고 51초 동안이나 오디오가 빈 사건은 아마도 방송사고 수준일 것입니다. 그러나 이 연설은 총격 사건으로 가슴 아픈 미국인들에 그 어떤 메시지보다 큰 위로를 주었고 많은 언론들의 찬사를 받았습니다. 그를 맹비난하던 보수진영에서조차 박수를 보낼 만큼 인상적이고 가슴에 와닿은 연설이었던 것입니다. 그 이유는 무엇일까요?

국어 사전에서는 침묵을 '아무 말도 없이 잠잠히 있음, 어떤 일에 대하여 그 내용을 밝히지 않거나 비밀을 지킴, 일의 진행상태가 멈춤'이라고 정의하고 있습니다. 단지 아무 말도 하지 않았을 뿐인데 왜 이런 효과가 나왔을까요? 침묵은 대화의 수단 중 하나입니다. 그것도 아주 중요한 언어 이상의 언어이자 때로는 그 어떤 말보다 강력한 힘을 발휘하는 비언어적 메시지입니다. 아이와의 대화 시에도 때로는 침묵으로 소통해보면 어떨까요. 잔소리, 충고, 조언이 아닌 그저 아이의 눈을 바라보며 듣기만 해주는 것은 그 어떤 말보다 아이에게 큰 위로와 힘이 됩니다. 엄마가 내 말을 들어 주는 것 뿐 아니라 침묵으로 경청함으로써 아이는 엄마가 나를 지지하고 응원하고 있다는 믿음을 갖게 됩니다.

엄마는 든든한 전략적 동반자

초중고등학교를 거치는 12년 동안 아이의 가장 든든한 지원군이자 동반자가 되어 주어야 한다고 말씀드렸습니다. 입시는 매우 긴 시간이 걸리고 힘들고 어려운 과정입니다. 초등학교 학생이라고 해서 공부가 즐겁고 쉬운 것은 절대 아닙니다. 좋은 공부 습관이 들여져 있어야 공부가 해 볼만 한 것이라고 느끼고 더 어렵고 힘든 공부도 참아내는 힘을 가질 수 있습니다. 대부분 주 양육자는 엄마인 경우가 많기 때문에 이 책의 모든 글에서는 '엄마'를 보호자로 대상화하고 있습니다. 상위권 아이들을 오랜 시간 지켜보면서 한 가지 분명한 사실을 알게 되었는데 이 아이들은 공통적으로 '안정적이다'라는 것입니다. 심리적, 정서적 그리고 일상생활에서의 행동도 안정되어 있어서 스트레스에도 강하고 위기 상황에서도 문제해결력을 잘 발휘합니다. 이 아이들은 특히 엄마와의 관계, 가족과의 관계, 친구, 선생님과의 관계가 매우 안정적이라는 특징을 보였습니다.

베테랑 초등학교 선생님들은 새 학기에 아이를 만나고 생활하면서 이 아이가 공부를 잘하겠구나, 못하겠구나를 대략 짐작할 수 있다고 합니다. 초등학교 선생님들이 말하는 공부를 잘할 것 같은 학생들은 기본 생활 습관이 잘 잡혀있고 선생님과 친구들에게 인사를 잘하고, 준비물이나 과제를 잘 챙깁니다. 저학년때는 종이 울리면 자리에 앉아 수업 준비를 해야 하는 기본적인 태도조차 준비되지 않은 아이들도 상당수 있습니다.

이러한 학습에 대한 태도와 습관은 바로 안정성에 기반을 두고 있습니다. 안정적인 정서를 가진 아이는 스트레스에 강하고 원만한 친구관계를 가질 수 있게 됩니다. 이런 긍정 정서, 안정적인 마음을 갖는 것은 바로 엄마와의 안정적인 애착 관계에서 출발합니다. 엄마의 목소리나 존재만으로 아이에게 안정감을 주는 유아기를 거쳐 초중등을 거치면서 앞서 말한 경청과 대화법만 잘 지켜도 아이와의 관계를 안정적으로 유지할 수 있습니다. 생각보다 간단하고 쉬운 방법인데 실제로는 엄마들이 이 방법을 잘 쓰지 못합니다. 아이보다 어른인 엄마는 아이를 가르치려 하고 바꾸려 하기 때문이 첫 번째 이유이고, 두 번째 이유는 엄마와 아이는 기본적으로 상하관계라서 그렇습니다. 인간은 다른 동물에 비해 혼자서 독립적 생활이 가능해지기까지 매우 오랜 시간이 걸립니다. 엄마의 도움과 보살핌 없이는 아무것도 하지 못하는 영유아기 시절을 거치기 때문입니다. 엄마는 아이와 자신을 동일시 하게 되고 아이의 일이 곧 나의 일이라 믿습니다. 이렇게 되면 아이는 영원히 엄마의 치마폭에서 벗어나지 못하게 됩니다. 안정감을 주긴 하되 아이의 자율성을 인정하고 독립적 인격체로 성장 켜야 합니다. 아이는 내 것이 아니고 독립된 인격체임을 잊지 말아야 합니다.

안정적이라는 느낌을 갖기 위해서는 기본적으로 신뢰가 쌓여 있어야 합니다. 엄마는 언제나 내 의견을 들어주고 지지해주는 내 편이라는 굳건한 믿음은 아이를 정서적으로 안정되게 하고 그 안정감은 힘든 입시를 버텨내는 힘이 되어 줍니다. 도대체 언제까지 아이를 믿어 줘야 하는지 질문한다면 '평생 내가 엄마인 그날까지.'라고 말씀 드리겠습니다. 왜냐하면 우리는 엄마이기 때문입니다. 어떤 일이 있어도 아이를 믿어주는 것은 결코 쉬운 일이 아닙니다. 아이와 엄마와의 사이가 좋은 집은 대부분 부부사이도 좋은 경우가 많습니다. 평온하고 안정적인 부부 사이는 좋은 가족관계로 이어지고 긍정정서는 아이의 공부 의욕이 생기게 하는 원동력이 됩니다. 입시에서 든든한 동반자란 아이가 공부하다 지치고 힘들 때, 잘하고 싶은데 방법을 모를 때 아이 스스로 답을 찾아가게 도와주는 사람입니다. 공부는 엄마가 하는 것이 아니라 아이 본인이 해야 합니다. 엄마가 아무리 입시 설명회를 다니고, 정보를 수집하고, 좋은 학원, 일타 선생님을 구해도 아이와의 소통, 대화가 되지 않으면 아무 소용이 없습니다. 입시정보를 그렇게 모으고 분석했다면 공부를 엄마가 직접 하는 편이 낫습니다. 그 정보와 노하우를 아이에게 전달해주고 아이가 잘 활용하도록 도와주는 것이 전략적 동반자이고 그 도구는 바로 소통과 안정적 관계입니다.

메르비안의 법칙

알버트 메르비안 교수가 주장한 메르비안의 법칙은 상대방과 소통을 할 때 말이 차지하는 비율은 불과 7%에 지나지 않으며 목소리(청각적 자극)이 차지하는 비율은 38%, 시각적 자극이 차지하는 비율은 무려 55%라고 말했습니다. 우리가 주목해야 하는 것은 생각보다 말이나 어휘, 문장 등보다 신체적 표현이 훨씬 더 중요하고 중요하게 반응한다는 것입니다. 우리가 아이들 특히 사춘기 아이들과 대화할 때 이 부분을 잘 활용해야 합니다. 새로운 자료나 논문을 접하면 학습과 자녀교육에 어떤 식으로 접점을 찾을지 늘 고민하다 보니 〈메르비안의 법칙〉 또한 자녀교육에 꼭 필요한 법칙이라는 판단이 들었습니다. 안 그래도 엄마의 말은 잔소리로 필터링 하거나 걸러 듣고 집중하지 않는데 이런 경우 언어메시지보다 시각적 요소, 청각적 요소에 집중한다면 아이와의 소통이 좀 더 편해질 것입니다.

엄마의 따뜻한 목소리, 웃는 얼굴이 논리적인 엄마의 잔소리 한마디보다 더 효과적이고 영향을 미치기 때문입니다. 아이가 학교에서 돌아왔을 때, 학원에서 돌아왔을 때, 힘들게 공부하고 집에 돌아왔을 때 엄마가 환하게 웃는 얼굴로 반겨주면서 '우리 아들 공부하느라 힘들었지? 수고했다.' 라고 해주는 것이 그 어떤 입시 정보보다 더 강력한 힘을 냅니다. 아이가 돌아오자마자 학원 숙제확인, 수행평가는 다 했는지, 과제물은 정확하게 제출했는지, 시험 범위는 어디까지인지 등을 봇물처럼 쏟아내게 되면 아이는 집에 와서 휴식을 취하는 것이 아니라 엄마의 잔소리 공격에 더 지치게 됩니다. 아이가 하루 일과를 마치고 돌아오면 환하게 웃으면서 아이의 노력을 칭찬해주고 공감해 주면 아이는 마음이 스르르 풀리고 하루의 피로도 날아갑니다. 엄마는 그만큼 아이에게 절대적인 존재이며 제일 사랑하는 사람이기 때문입니다. 이렇게 첫 대화가 순조롭게 시작된다면 워밍업이 잘 된 것이라고 보면 됩니다. 본격적인 대화에 앞서 상대방과 관계성을 맺는 것을 라포 형성이라고 하는데 아이와도 라포 형성을 하는 것이 좋습니다. 웃는 얼굴, 엄마의 환한 얼굴은 그 어떤 초강력 비타민이나 영양제보다 아이에게 더 좋습니다.

가짜 웃음? 진짜 웃음!

얼굴은 순 우리말로 '얼 + 굴', 얼은 영어로 소울 SOUL, 굴은 TUNNEL입니다. 즉, '영혼이 통하는 통로'라는 뜻입니다.

웃는 얼굴로 아이를 대하는 것이 효과적이란 것을 앞서 말씀드렸는데 여기서 유의할 점이 있습니다. 뇌에는 얼굴 정보를 처리하는 전용회로가 있는데 이 회로에 장애가 생기면 얼굴을 제대로 인식할 수 없게 됩니다. 얼굴인식장애라고 부르는 안면실인증은 눈,코,입 같은 이목구비는 인식하지만 각 부위를 종합한 얼굴을 '얼굴'로 인식하지 못해서 개인을 구별하거나 표정을 읽는것에 어려움을 겪습니다. 뇌의 기능은 알면 알수록 경이롭고 엄청납니다. 똑같이 웃는 얼굴을 보고 쑥스러운 웃음, 비웃음, 애교 섞인 웃음, 가짜 웃음을 미묘한 차이로 구별해 냅니다. 아이는 엄마의 웃음을 보자마자 그 웃음이 정말 나랑 사랑하는 진짜 미소인지 억지로 입꼬리만 올리는 웃음인지 단박에 알아차릴 수 있습니다. 가짜 웃음은 주로 입술 끝만 살짝 올리는 경우가 많습니다. 눈코입이 다같이 활짝 웃는 뒤센 미소는 긍정적 정서가 가득 담긴 진짜 미소인데 비해 가짜 미소는 억지로 불편하게 만든 것입니다. 훈련하거나 의식하지 않아도 뒤센 미소를 지을 수 있는 사람은 긍정 정서가 가득한 사람이라고 보면 됩니다.

엄마가 아이에게 늘 좋은 모습, 웃는 얼굴만 보이는 것은 생각보다 쉽지 않습니다. 엄마도 사람이기 때문에 아이의 공격적인 말에 화가 나기도 하고 엄마를 무시하는 말을 들으면 마음이 상하게 됩니다. 화가 난 엄마는 그 마음을 억지로 감추거나 참는 것보다는 화가 나면 그 마음을 그대로 아이에게 전달하는 것이 좋습니다. '엄마는 너의~한 행동 때문에 지금 속상해.' 라고 그대로 전달하는 것입니다 . 아이를 비난하거나 공격하는 것은 금물입니다. 그렇게 하면 자칫 감정싸움으로 이어지게 되고 서로에게 상처가 될 험한 말을 거침없이 쏟아내게 됩니다. 엄마의 서운한 마음을 그대로 표현하는 것은 잘못된 일이 아닙니다. 엄마도 엄마가 화가 난 감정을 인지하고 그대로 받아들이는 습관이 필요합니다.

저는 아이의 사춘기 시절 화가 나면 꾹꾹 참곤 했습니다. 화가 많이 날 때는 혼자서 차에 앉아 화를 삭히거나 울기도 했습니다. '나는 엄마니까.' '나는 어른이니까 참아야 해.' 라고 생각했기 때문입니다. 이렇게 참고 참다 보면 엄마는 속병이 생기고 스트레스로 인해 몸에 탈이 나기 시작합니다. 저 역시 그랬습니다. 제 감정을 돌아보지 못하고 다스리지 못했습니다. 화가 나거나 속상하면 그 감정 그대로 인지하고 자신을 돌아봐야 합니다. '내가 지금 화가 났구나.', '나 지금 속상해.' 라고 인정해도 괜찮습니다. 다만 아이에게 비난을 하거나 야단을 치는 것이 아니라 자신의 감정을 그대로 인정하는 것입니다.

뒤센 미소를 지어주는 엄마, 환하게 나를 반겨주는 엄마가 집에서 기다리고 있다는 것은 아이에게 큰 힘이고 힐링이 됩니다. 집이란 공간은 휴식 그 자체여야 합니다. 집에서까지 공부하라고 강요하는 것은 좋지 않습니다. 학교, 학원에서 이미 충분히 공부하고 왔기 때문에 집에 오면 아이가 푹 쉴 수는 것이 가장 좋습니다. 눈과 입, 모든 근육을 부지런히 사용해서 환한 얼굴을 만들어보세요. 거울을 보며 연습해보는 것도 추천합니다.

18 : 43

 인간의 얼굴에서 표정을 관장하는 근육은 약 80여개라고 합니다. 이 중에서 긍정적 표정 즉 웃음, 만족, 행복, 즐거움, 기쁨,설렘을 표현하기 위해 쓰이는 근육은 고작 18개입니다. 이에 비해 부정적 표정, 슬픔, 분노, 경악, 두려움, 회피등을 표현하는 근육은 43개로 그 숫자가 훨씬 많습니다. 이것이 의미하는 것은 무엇일까요.

 의도적으로 노력하지 않으면 더 긍정적인 표정 만들기가 그만큼 더 어렵다는 것입니다. 겨우 18개에 불과한 긍정표정 담당 근육들을 부지런히 사용해야 부정표정이 되지 않습니다. 사람은 가만히 있으면 무표정하게 되고 무표정한 얼굴은 화나거나 안 좋은 이미지로 보여집니다. 그리고 부정 표정을 담당하는 43개의 근육들은 18개의 근육보다 덜 노력해도 훨씬 더 쉽게 부정표정을 나타낼 수 있습니다. 아이에게 18개의 근육을 부지런히 활성화시키고 뒤센 미소를 지어주세요. 이것만으로 아이의 하루를 행복하게 만들어 줄 수 있습니다. 설마 그렇게까지 내 미소만 보고 아이가 행복해하고 긍정적 정서를 만들 수 있을지 의문을 품는다면 꾸준히 실천하시길 강력 추천합니다.

　단시간의 노력으로 급작스러운 변화를 기대하면 안됩니다. 꾸준하고 느리게 아이와의 관계를 쌓아가야 사춘기 시기같은 격변의 시간에도 크게 흔들리지 않습니다. 엄마와 잘 형성된 신뢰관계와 애착관계는 그 영향력이 어마어마합니다. 공부를 잘하는 아이들은 대체적으로 대인관계도 좋고 긍정적이며 도전을 두려워하지 않는다는 공통점을 보인다고 앞서 말씀드렸습니다. 이러한 부분은 엄마와의 관계에서 시작되고 그 관계역시 꾸준하게 오랜 시간에 걸쳐 차곡차곡 형성되어 가는 것입니다.

제5장
탄탄한 고등학교 공부

공부의 기본

개념과 원리를 이해하는 학습이 중요하다는 것은 누구나 알고 있습니다. 하지만 기본적으로 새로운 개념을 학습하고 내 것이 되게 하는 과정에서 암기는 필수적이고 기본적인 요소입니다. 예를 들어 영어과목을 공부할 때 가장 기본이 되는 것은 단어 실력입니다. 단어는 기본적으로 외워야 하는 것이고 외국어이기 때문에 무한대로 외워야 시험 볼 때 유리합니다. 수학의 경우에도 공식을 외워야 하고 반복적인 문제의 패턴은 어느 정도 외워두면 문제 풀이 속도가 빨라집니다. 따라서 일정 양의 암기 없이는 학습은 불가능하기 때문에 이왕 해야 한다면 효율을 높이는 것이 효과적인 방법입니다. '효과'와 '효율'에 대해 많은 분들이 혼동하는데 그 차이에 대해 알아보겠습니다. '효과적'이라는 말은 어떤 목적을 지난 행위에 의하여 드러나는 보람이나 좋은 결과가 드러나는 것이라는 의미이고 '효율적'이라는 말은 '들인 노력에 비하여 얻는 결과가 큰 것'을 나타냅니다. 즉, '암기를 잘하면 효율적 공부가 가능하고 효율적 공부는 성적 향상에 효과적이다'라는 문장이 정확한 표현입니다.

기억의 단계

학습이란 경험과 지식을 기억하는 과정이고 기억은 저장된 정보를 다시 꺼내는 과정입니다. 뇌과학 분야에서는 기억을 정적인 정보로 보는 것이 아니라 외부 정보를 받아들이고 저장하고 나중에 인출 하는 일련의 과정으로 보고 있습니다. 기억에는 단기 기억과 장기 기억이 두 가지 종류가 있습니다. 단기 기억은 말 그대로 한 번에 7~12개 정도의 정보를 지닐 수 있는 제한된 정보의 저장 형태입니다. 시험 전날 벼락치기 공부를 해서 시험은 그럭저럭 볼 수 있지만 시험을 치고 나면 기억에 남는 것이 거의 없던 경험이 있을 텐데요. 매우 짧은 시간 동안 머릿 속에 기억되는 것으로 이것이 반복 학습을 통해 장기 기억으로 전환되어야 합니다. 시험을 잘 보기 위해서는 단기 기억보다 장기 기억이 절대적으로 중요하기 때문에 단기 기억을 장기 기억으로 최대한 많이 전환되게 하는 과정이 필요합니다. 장기 기억은 많은 양의 정보를 저장할 수 있고 '공부' 같은 강화를 통해 반복해야 합니다. 장기 기억은 필요할 때 언제든지 다시 불러낼 수 있는 것입니다. 강화 과정은 사람마다 다양한데 몇 초가 걸리는 사람이 있는가 하면 몇 분이 걸리기도 합니다. 대입에서 좋은 결과를 내기 위해서는 초중고 12년의 제한된 시간 동안 얼마나 효과적으로 단기 기억을 장기 기억으로 저장하고 그 정보들을 연결해서 꺼내는지 즉 얼마나 강화를 잘하는 지에 달려 있다고 할 수 있습니다. 선천적으로 지능이 높은 아이들은 단기 기억력이 좋고 이 단기 기억력은 집중력과도 큰 연관성이 있습니다. 지능이 높은 아이들은 단기 기억력이 좋기 때문에 집중도 잘하고 공부하기에 유리한 조건을 타고 난 것입니다.

에빙하우스는 '망각이론'이라는 연구결과를 발표하면서 우리의 뇌는 새로운 정보를 입력 한후 한 시간 후면 반 이상이 망각되고 1일 후면 70퍼센트가 망각된다고 하였습니다. 이 이론에 따르면 한 달 후면 대부분이 망각되어버려서 남는 것이 거의 없습니다. 따라서 이렇게 대부분 망각된 후에 학습을 하는 것은 처음부터 다시 하는 것과 다름이 없겠지요.

따라서 망각이 본격적으로 일어나기 전에 반복을 통해 망각의 텀을 최대한 늘려야 하는 것입니다. 반복은 최대한 빨리하는 가장 효과적이고, 반과적입니다. 반복 습관을 들이면서 자신만의 반복 텀이 어느 정도인지 파악해야 합니다.

반복 학습을 하게 되면 뉴런과 뉴런을 연결시키는 시냅스가 활성화 되어 장기 기억으로 변환을 돕게 됩니다. 우리의 뇌는 자극적인 것, 재미있고 새로운 것을 좋아하는 습성이 있는데 바로 호기심이라는 인간의 본성 때문입니다. 새로운 것을 학습하는 과정이 늘 재미있고 즐겁지만은 않겠지만 새로운 정보와 지식을 뇌에 입력하는 과정이 즐겁고 호기심을 충족시켜준다고 뇌에 학습시키는 것입니다. 하기 싫고 어렵고 힘들지만 해냈을 때의 성취감이 반복적으로 경험되면 새로운 정보와 지식을 습득하는 과정이 즐겁다고 인식됩니다. 이러한 바람직한 어려움의 과정을 반복적으로 경험함으로써 시냅스가 활성화 되고 전두엽도 발달하게 됩니다.

사춘기 아이들의 쏟아지는 잠에 대해서 앞에서 언급했는데 충분한 수면은 기억력 향상에도 꼭 필요합니다. 수면이 부족하면 단기 기억이 장기 기억으로 전환되기 어렵습니다. 또한 탄수화물의 섭취도 매우 중요한 요인입니다. 시험 당일 아침식사를 꼭 하라는 것도 바로 이 때문인데 탄수화물을 섭취하여 포도당 대사가 활발해져야 뇌도 빠르게 활성화될 수 있습니다. 타고난 지능이 조금 부족하더라도 후천적인 노력을 통해 시냅스를 강화시키고 자신만의 반복 주기를 파악하여 적절하게 적용함으로써 가장 효과적인 학습법을 찾는 것이 무엇보다 중요합니다.

인출하기

시험은 효과적 학습과 장기기억에 있어 매우 중요합니다. 시험이라고 생각만 해도 머리가 아플테지만 성적이나 결과를 떠나서 '시험' 그 자체는 장기 기억으로 전환하는 아주 좋은 강화 과정이 됩니다. 머릿속에 새로운 정보를 입력하면 사고 과정을 통해 내 것이 되고 이를 확인하고 점검하는 차원에서 시험을 보는 것은 매우 효과적입니다. 처음부터 끝까지 모든 것을 머릿 속에 입력을 하고 나면 그것을 확인하면서 부족한 점이 어디인지 내가 미처 몰랐던 부분이 어디인지 확인해야 하는데 문제집이 바로 그 원리를 이용한 교재입니다. 교과서나 자습서를 통해 입력단계를 거친 후 문제집 풀이를 통해 기억정보를 인출하는 것입니다. 그 인출 과정을 통해 처리 속도가 빨라지고 논리적이고 정확한 사고가 가능해집니다. 집중, 이해, 기억은 서로 상호작용을 하면서 학습상승효과를 가져오는데 학습도 검증된 과학적인 방법을 통하면 훨씬 더 효과적인 결과를 얻을 수 있습니다.

　내가 무언가를 안다는 것은 단순히 머릿 속에 입력되는 것만으로는 부족합니다. 그것을 꺼내어 적용하고 조합하고 관계를 맺는 방법을 알아야 합니다. 시험치기, 문제집 풀이를 통해 내가 아는 것을 확인하고 점검할 수 있고 또 한 가지 좋은 방법은 말로 나 자신에게 설명해보는 것입니다. 말로 정확하게 표현 할 수 있어야 제대로 아는 것이라 할 수 있습니다. 중얼거리면서 나 자신에게 설명하듯이 학습 내용을 쭉 설명해보거나 공부 공간이 허락한다면 공부방에 칠판을 하나 두면 좋습니다. 교사가 학생에게 설명하듯이 칠판에 판서를 하면서 핵심 요약을 하고 그 과정을 막힘 없이 설명이 가능하면 비로소 학습이 완성된 것입니다. 빈 노트에 정리해보는 것도 매우 효과적입니다. 교과서를 덮은 후 내가 학습한 내용을 백지 상태의 노트에 쭉 적어 보고, 시각적 자극이 빠르다면 이미지화, 도표, 그래프를 보기 쉽게 부호화하여 정리하면 훨씬 효과적입니다. 시험보기, 말하기, 백지노트정리 등 내가 머릿 속에 저장하고 알고 있는 것에 끝나지 않고 적극적으로 인출하는 것은 '단순 공부'가 '스마트 학습'으로 확장되어 가는 과정이며 매우 의미 있는 학습적 성장입니다.

학습은 과학이다

100여 년 전 에빙하우스의 망각이론이 발표된 이후 기억과 반복을 통한 학습법에 관심이 뜨거워졌습니다. 단기 기억을 장기 기억으로 전환시키는 과정에서 반복학습과 교차학습이 중요하고 학습에 있어서 복습의 중요성을 과학적으로 증명해주었습니다. 그 후 50년이 지나 엔델 툴빙이라는 인지심리과학자가 발표한 '공부(Study)와 시험(Test)' 에 대한 흥미로운 연구가 있어 소개해드릴까 합니다.

툴빙은 공부와 시험을 반복하는 조건을 조금씩 다르게 설정하고 장기기억으로 저장되는 성취를 조사하는 실험을 실시했습니다. 여기서 말하는 시험은 성적과 결과를 내는 수치적 데이터를 위한 시험이 아니라 말 그대로 공부한 내용을 검증하는 일종의 테스트를 말합니다. 이하 공부를 'S', 시험을 'T'라고 하겠습니다. STST,SSTT,STTT, 즉 공부시험 공부시험, 공부 2번 시험 2번, 공부시험 3번 이렇게 3가지 조건으로 실험을 진행했고 이 과정을 통해 장기기억으로 남은 성취 결과를 조사해보았는데 놀랍게도 결과는 3조건 모두 동일했습니다. 공부를 많이 하는 것보다 시험을 통해 기억을 꺼내는 인출의 과정 즉 테스트가 매우 중요하다는 것을 알 수 있는 결과입니다. 툴빙은 여기서 조건을 좀 더 변경하여 모르는 것만 공부하고 모르는 것만 시험 보는 조건을 다양화하여 다시 실험을 실시했습니다. 모르는 것만 공부하는 것을 'Sn', 모르는 것만 시험보는 것을 'Tn' 이라고 하겠습니다.

가장 성취가 낮은 그룹은 공부/시험 후 모르는 것 만 공부하고 모르는 것 만 시험 본 그룹(STSnTn)입니다. 공부/시험을 반복한 그룹(STST)과 모르는 것만 공부하고 시험을 본 그룹(STSnT)의 성취 결과가 동일하다는 것을 알 수 있습니다. 여기서 우리가 추론할 수 있는 것은 '모르는 것을 공부해야 한다' 는 것이다. 아는 것을 공부하는 것은 학습에 전혀 도움이 되지 않습니다다. 모르는 것을 집중적으로 공부하고 전체적으로 시험을 보는 과정이 가장 효과적이고 장기기억에 남는 시험력을 발휘할 수있습니다. 따라서 아는 것과 모르는 것을 정확히 인지하고 구분하는 능력이 필요한데 이것을 메타인지라고 합니다. 최근 많은 학습지 광고에서 메타인지의 중요성을 강조하고 있습니다. 모르는 것을 아는 아이는 모르 는 것조차 알지 못하는 아이보다 공부의 깊이가 훨씬 깊고 넓습니다. 자신이 모르는 것이 많고 부족하다고 느끼는 아이일수록 더 열심히 노력합니다. 이 차이는 생각보다 몹시 크고 많은 아이들은 자신이 모르는 부분에 대해 정확하게 인지하지 못합니다. 공부는 하면 할수록 어렵고 깊으며 넓은 바다와 같습니다. 조금 공부했다고 내가 공부 다 했다고 믿는 우를 범하지 않으려면 자신이 얼마나 알고 있는지 또 모르는지 정확히 알고 전략을 세워야 하는 것입니다.

경험적으로 보면 공부 성과가 좋은 상위권 아이들은 이 차이를 정확하게 알고 있습니다. 자신이 부족한 부분, 모르는 부분을 정확히 알고 자신의 약점을 인지하고 있습니다. 그 부분을 더 파고들어 집중적으로 공부하여 그 구멍을 메꾸는 것이지요. 문제집을 푸는 이유가 바로 이것입니다. 교과서나 자습서 같은 설명이 자세한 교재를 통해 개념과 원리를 이해한 후 평가문제집이나 기출문제집을 통해 공부한 내용을 확인하고 점검하는 것입니다. 머릿속에 정보를 집어넣는 저장(input)과정을 한 후 반드시 정보를 다시 조합하고 연결해서 꺼내는 과정을 거쳐야 합니다. 그래야 장기기억으로 단단하게 머릿속에 저장되는 것입니다.

수능이라는 큰 시험을 위해서는 작은 시험들을 반복적으로 거치고 반복, 교차, 정교화 학습을 통해야 합니다. 공부란 매우 어렵고 힘든 과정입니다. 여기서 말하는 공부의 확장된 개념 즉 완전한 학습을 이루기 위해서는 이러한 어렵고 힘든 과정을 반드시 겪어내야 합니다. 이를 바람직한 어려움(desirable difficulty) 라고 합니다. 우리의 뇌는 익숙하고 편안한 것을 좋아하고 선택하는 경향이 있기 때문에 반복적으로 훈련시키고 공부 근력을 만드는 바람직한 어려운 과정은 필수적입니다. 공부 머리도 신체 능력과 어찌 보면 동일하게 움직입니다. 많이 단련하고 쓸수록 좋아지는 것이죠. 공부의 기본인 기억력을 활용하여 외우고, 정리하고 추론하고 문제를 풀어보고 오답을 체크하고 다시 혼자서 그 오답을 해결할 때까지 과제 집착력을 발휘해야 합니다. 이 과정을 통해 어렵고 힘들지만 단단하게 머릿속에 장기기억으로 저장되고, 연결하고 조합하는 창의력도 개발됩니다. 다시 한번 강조하면 시험 보는 과정은 학습에 있어서 반드시 필요한 요소입니다.

중학교 1학년이 지필고사를 보지 않고 있는 현재, 학업성취도가 평균적으로 많이 떨어진 것이 현실이고 이 심각성을 고려하여 자유학기제가 탄력적으로 운영될 것으로 보입니다. 그만큼 공교육에서도 시험이라는 제도의 필요성과 중요성을 재확인한 것이라 할 수 있습니다.

피그말리온 효과

1968년 하버드 대학교 사회심리학과 로버트 로젠탈교수는 샌프란시스코의 한 초등학교에서 전교생을 대상으로 지능 검사를 한 후, 검사 결과와 상관없이 무작위로 한 반에서 20%의 학생을 뽑았습니다. 그리고 그 학생들의 명단을 교사에게 주면서 이들은 지적 능력이 뛰어나고 학업 성취의 향상이 기대되는 학생이라고 슬쩍 말해주었습니다. 8개월이 지난 후 같은 지능 검사를 다시 실시했는데 그 명단 속의 학생들은 평균 점수가 크게 향상되었습니다. 흥미로운 점은 그 학생들을 무작위로 뽑았기 때문에 지능이 높다거나 성적 향상이 기대된다거나 하는 특별한 이유 없는, 그저 평범한 아이들이었다는 점입니다. 이를 통해 우리는 흥미로운 사실을 발견할 수 있습니다.

교사의 기대와 믿음 그리고 격려가 평범한 아이들을 실제로 높은 학업 성취가 가능한 아이로 바꾼 것입니다. 기대, 믿음, 격려 칭찬 같은 긍정적 정서는 긍정적 영향을 미치고 아이들에게도 좋은 영향을 미쳤습니다. 선생님이 나를 믿어 주고 지지해주는 것 말고는 그 어떤 다른 변화가 없는데도 아이들은 교사와의 긍정적 상호작용을 통해 성장하고 성적이 향상된 것이지요. 로젠탈은 다른 실험을 통해서도 또 한가지 사실을 발견했는데 교사가 직접적으로 칭찬하지 않더라도 비언어적 의사소통에 민감한 아이들은 교사가 자신을 어떻게 평가하고 생각하는지 정확하게 알고 있다는 것이었습니다. 교사의 긍정적인 얼굴 표정과 같은 비언어적 의사소통을 통해서도 학업 성취에 영향을 미친다는 사실을 밝혀냈습니다. 교사가 자신을 좋게 보고 기대를 하고 있음을 알게 되면 아이는 더 열심히 노력하고 기대에 부응하려 합니다.

　아이와 애착관계가 좋은 엄마가 이 피그말리온 효과를 잘 이용한다면 더 좋은 결과값이 나올 것입니다. 아이들을 잠재력은 무궁무진하고 우리가 생각하는 것보다 훨씬 더 큽니다. 엄마가 아이와의 긍정적 소통을 통해, 로젠탈이 말한 대로 비언어적 커뮤니케이션에도 민감한 아이들과 소통을 효과적으로 한다면 그 결과는 교사와의 결과보다 훨씬 더 좋을 것입니다. 엄마의 미세한 얼굴표정, 목소리, 몸 동작, 자세만 고쳐도 아이들에게 미치는 영향이 달라지는 것이죠. 내가 아이에게 주로 어떤 표정과 자세로 대화하고 있는지 한번 가만히 생각해보세요. 앞서 언급한 18개밖에 되지 않는 긍정적 표정을 관장하는 근육을 부지런히 사용해야 할 것입니다. 그렇지 않고 가만히 있으면 우리의 얼굴은 아이에게 무표정하고 화가 나 있는 부정적인 인상으로 보이기가 쉽습니다.

충분한 진로탐색

중학교 교육과정에서는 학생의 꿈와 끼를 키우는 학생 중심 교육과정이 운영되고 있습니다. 현재 중학교 1학년은 지필고사를 치르지 않고 2, 3학년만 지필고사를 치릅니다. 학생이 스스로 좋아하는 것을 찾아가고 미래사회를 살아가는데 필요한 역량을 갖출 수 있도록 유연한 교육과정이 운영되고 있는데요. 그 과정을 통해 자신을 더욱 이해하고 좋아하고 흥미를 느끼는 일이 무엇인지 고민하고 경험합니다. 4차 산업혁명시대에 살고 있는 우리는 인공지능이 많은 부분을 대신 해주고 있지만 인간만이 가진 상상력과 호기심을 발휘하여 정답이 없는 문제 상황을 해결할 수 있어야 합니다. 그런 어른으로 성장하도록 자유학기제를 통해 다양한 경험을 하고 소질과 적성을 기르게 됩니다. 스스로 수업 시간에 필요한 자료를 찾아보는 것입니다.

실제로 많은 학생들은 커리어넷이나 워크넷을 통해 진로정보를 찾습니다. 진로,직업에 관한 정보뿐 아니라 대학의 다양한 학과에 대한 정보도 얻을 수 있어서 학생들에게 인기입니다. 또한 청소년을 대상으로 하는 다양한 심리검사를 통해 자신의 직업 흥미, 직업 가치관, 진로 발달 등을 알아볼 수 있습니다. 커리어넷과 워크넷뿐 아니라 아래의 사이트 홈페이지에 방문하면 좀더 다양한 정보를 볼 수 있으니 적극적으로 아이와 참여해보면 좋습니다.

커리어넷 www.career.go.kr

워크넷 www.work.go.kr

꿈길 www.ggommigil.go.kr

청소년 기업가체험 프로그램 https://yeep.go.kr/

하이인포 www.hiinfo.sen.go.kr

광운대학교 산학협력단 https://iacf.kw.ac.kr/

실험누리과학관 http://hlsi.co.kr/sub/sub05_0104.php

사단법인 사페인스 4.0 http://www.hlsi.co.kr/sub/sub05_0103.php

한생연 융합교육과학관 https://www.sapiens.or.kr

대학에서 학과를 선택해야 하는 고등학생들에게 진로 선택은 매우 중요하고 신중하게 생각해야 합니다. 진로 결정을 하지 못한 채로 고등학교 생활을 하다 보면 학습에도 집중하기가 어렵고 방황을 할 수도 있습니다. 대학에 진학 후에도 끊임없이 고민하고 또한 직업을 가진 후에도 고민하게 되는 것이 바로 진로문제입니다. 원하는 대학에 진학은 했지만 점수에 맞추어 갔거나, 학과 정보에 대한 정보 없이 간 경우에는 대학 생활에 흥미를 느끼지 못하고 방황하는 학생들을 여럿 보았습니다.

몇 년 전 명문대학의 건축학과에 진학했지만 본인의 적성, 흥미와는 무관한 성적에 맞춘 진학이었기 때문에 학업에 집중하지 못하고 방황하는 학생과 상담을 했었습니다. 그 학생은 이미 군 제대를 한 상태였고 입대 전 1학년의 두 학기 모두 성적도 잘 받지 못한 채 복학을 앞두고 있었습니다. 건축학과가 적성에 맞지 않아 진지하게 다시 대입을 치를까 고민을 하는 학생을 보면서 참으로 안타까웠습니다. 학과에 대한 자세한 조사 없이 학교 이름만 보고 진학을 한 경우 대학 생활이 즐겁기는커녕 힘들고 다른 길을 찾게 되니까요. 건축학과는 건축공학과와 달리 미적인 영역이 중요한 학과입니다. 수학을 잘하고 전형적인 이과 최우등 학생이었던 이 아이는 건축학과에서는 자신이 너무나 부족하고 모자라 보였다고 고백했습니다. 예술적 감각이 전혀 없는 자신에게 건축학과는 맞지 않는 옷 같다고 느낀 것이지요.

인생의 방향인 진로는 자신의 인생을 설계하고 기획하는 것이 때문에 자신의 흥미, 적성, 소질, 성향을 진지하게 고려해야 합니다. 위에 언급한 사이트들을 통해 적성검사를 해보고 추천학과 정보를 꼼꼼히 살펴보고 어떤 것을 공부하게 되는지 미리 파악하는 것이 좋습니다. 자신의 진로 로드맵이 명확하게 설정되면 학습 동기가 더욱 확실해 지기 때문에 공부에 탄력에도 붙습니다.

자신의 꿈을 시기 별로 나누어 상상해 보는 것도 도움이 됩니다. 5년, 10년, 20년, 30년, 40년 후의 내 모습을 상상해서 시기별 목표를 구체적으로 만들고 세분화하는 것입니다. 너무 먼 장기적인 계획수립이 어렵다면 단기 계획을 수립해보는 것도 좋습니다. 중학교 2학년이라고 가정하면 중3, 고등학교 1학년 1학기, 여름방학, 1학년 2학기, 겨울방학 순으로 크게 틀을 잡은 후 월단위, 주단위, 마지막으로 일단위로 목표를 만들어 보는 겁니다. 목표와 함께 해야 할 일도 설정하면 공부를 하고 있는 이유가 뚜렷해집니다.

고교 블라인드제도

고교 블라인드 제도는 학교이름을 보고 학생을 판단하게 되는 후광효과를 방지하고 차단하기 위해 시작되었는데 생활기록부나 입학서류에 출신 고등학교의 모든 정보를 제외하는 것입니다. 고교정보 블라인드제도의 도입은 학생들의 사회, 경제적 배경이 대입 평가에 반영되지 않도록 한다는 것인데 실제 입시에 미치는 영향력은 그리 크지 않았다는 게 대학 입학처의 평가입니다. 수시전형인 학생부 종합전형이 특목고, 자사고의 학교 후광효과로 인하여 불공정하다는 인식 때문에 시행된 제도인데 그동안의 입학 결과를 보면 특목고, 자사고에서 선발 결과가 우수했던 것은 명백한 사실입니다. 이러한 논란을 잠재우기 위해 교사 추천서도 폐지하고 출신 고등학교 정보는 전면 폐지되었습니다. 수시 면접장에

학교 교복을 입고 가는 것도 금지되었습니다.

그러나 아무리 학교 이름을 가리더라도 특목고와 자사고임을 어느 정도 유추가 가능한 것이 현실입니다. 교과 과정 자체가 일반고와는 다르기 때문에 생활기록부를 보면 어느 정도 어느 학교인지 예측이 가능합니다. 하지만 교육과정이 비슷한 일반고등학교는 어느 학교인지 구별하기가 쉽지 않습니다. 표준편차를 통해 제한적으로 판별이 가능하기도 합니다. 서울지역의 상위권 일반고등학교나 강남, 서초권의 고등학교, 비평준화 고등학교의 경우 표준편차가 상대적으로 낮은 편입니다. 이러한 상위권 일반고는 정시를 준비하는 학생이 상대적으로 많습니다. 그만큼 내신 경쟁이 치열하고 힘들기 때문입니다. 학생들의 수준도 높은 편이고 상위권이 두텁고 촘촘하게 형성되어 있다고 보시면 됩니다.

상위권 고등학교는 고교 블라인드로 인해 손해를 본 것은 분명한 사실입니다. 상위권 학교의 경우 내신 경쟁이 치열하기 때문에 논술전형과 수능을 다 같이 준비하는 경우가 많습니다. 예전에는 이들 학교의 교육과정이 얼마나 내실 있게 운영되는지 알기 때문에 합격요인에 참고가 되었지만 학생별 학교별 학습 여건을 파악하는 데도 한계가 보였다는 지적도 있었습니다. 수시 최초합을 배출한 학교가 늘었고 합격자가 한 명도 없던 학교에서도 합격자가 배출되는 등의 가시적인 효과는 분명 있었지만 선발 과정의 문제가 또 다시 부각되었습니다.

고등학교 모의고사란

중학교 3학년 과정 동안 성취평가제를 통해 실력을 평가받고 학교 내에서 친구들과 경쟁을 했다면 고등학교에 오면 전국단위의 첫 시험을 치르게 됩니다. 학교내, 학급내 작은 그룹에서의 내 위치가 이제는 전국의 수험생들과 경쟁하고 비교해서 보여집니다. 중학교에서는 상위권 이라고 믿다가 고등학교 첫 모의고사에서 자신의 수준에 깜짝 놀라는 경우가 허다합니다. 중학교 내신시험은 하루에 1-3개 과목을 3-5일에 걸쳐 보지만 고등학교 모의고사는 하루에 장시간 시험을 치러야 합니다. 그만큼 고도의 집중력과 문제집착력 그리고 무엇보다 체력안배도 매우 중요합니다.

전국 단위의 실력을 처음 파악하고 광범위한 시험범 위를 경험하는 것이죠. 상대적으로 좁은 범위의 시험을 치르는 중학교 내신과는 달리 시험 범위가 매우 어마어마하게 때문에 그에 대한 적응도 필수입니다.

중학교 공부는 어느 정도 벼락치기가 가능합니다. 학교에서 나눠준 프린트나 부교재만 달달 외워도 어느 정도 점수를 받을 수 있는 내신 시험과 고등학교 전국 모의고사는 비교가 불가한 시험이라고 보시면 됩니다.

고1 첫 모의고사의 시험 범위는 중학교 교육과정의 전 범위입니다. 따라서 중학교 3학년 마지막 겨울방학에 철저한 계획을 수립하고 전체과정을 훑어보는 것이 좋습니다. 중학교 시험 스타일에 익숙한 고1 학생들은 첫 모의고사를 그렇게 중요하다고 생각하지 않는 편입니다. 그러나 실은 전혀 그렇지 않습니다. 고등학교 입학 후 첫 모의고사를 통해 중학교 교육과정을 충실히 공부했는지를 확인하는 것인데 담임선생님을 비롯해 교과 선생님들께 첫 눈도장을 찍을 기회이기도 합니다. 시험을 잘 봐서 손해 볼일은 전혀 없습니다. 성적이 좋은 학생을 선생님들은 아무래도 눈여겨 보고 관심을 기울이며 수업 시간에 질문을 던지기도 합니다. 열심히 하는 학생이라는 이미지를 꼭 주는 것이 좋습니다. 고1때는 일단 긴 시험시간과 시험범위에 적응하는 훈련을 해야 합니다. 수능 스타일의 문제를 처음 학습하고 시험을 치르기 때문에 기출문제 위주로 공부하는 것이 효과적입니다.

고2 모의고사를 치른 후에는 작년 대비 전국석차변동을 확인하고 자신에게 맞는 전형이 어떤 것이 있는지 파악해야 합니다. 내신성적과 모의고사의 성적을 비교해서 어떤 전형이 유리한지 알아보고 전략을 수립하는 것이 좋습니다. 문이과 통합이 되었지만 여전히 대입선발과정에서는 반드시 수강해야 하는 과목이 지정되어 있기 때문에 표면적으로는 통합이지만 여전히 인문/자연계열은 존재한다고 보는 것이 맞습니다. 따라서 수능 선택과목에도 신중한 결정을 해야 하고 목표로 하는 대학과 학과를 모의고사를 통해 어느 정도 예측 할 수 있습니다.

고3이 되면 1, 2학년때와는 달리 졸업생을 포함한 나의 위치를 아는 것이 가장 중요합니다. 재수생 및 n수생의 비율이 해마다 높아지고 있기 때문에 그들이 포함인지 아닌지에 따라 상당한 차이가 나기 때문입니다. 고3의 첫 3월 모의고사는 전국연합학력평가라고 하는데 이는 지역교육청이 출제합니다. 이에 비해 6, 9월 모의고사는 실제 수능을 출제하는 교육과정평가원에서 주관합니다. 따라서 3월 모의고사보다 6, 9월 모의고사가 훨씬 더 중요하고 성적 또한 유의미하다고 할 수 있습니다. n수생은 3월 모의고사는 치르지 않고 6, 9월 모의고사를 치르기 때문에 반드시 3월 모의고사와 9월 모의고사의 차이에 주목해야 합니다. 이러한 모의고사를 통해 내신성적이 주요 요인인 수시전형과 수능성적이 중요한 정시전형 중 어떤 것이 나에게 유리한지 판단할 수 있습니다. 또한가지 유의할 점은 모든 n수생이 모의고사를 치르지 않는다는 점인데 실제로 많은 상위권 대학 신입생들이 반수를 결정하는 시점은 대학교 1학년 여름방학즈음 이고 이들은 9월 모의고사를 치르지 않는 경우가 훨씬 많습니다. 따라서 9월 모의고사도 실제 성적은 좀더 보수적으로 보는 것이 좋겠습니다.

집중력을 뒷받침하는 체력

수능의 시뮬레이션인 모의고사를 통해 실전과 동일하게 과목별 문제별 시간 배분과 체력안배를 해보는 것이 좋습니다. 수능은 장시간 치러지는 시험인 만큼 무엇보다 체력과 집중력이 중요합니다. 보통 8시 전에 입실해서 5교시 제2외국어와 한문까지 치르고 나면 오후 5시 45분입니다. 긴 시간 고도의 집중력을 발휘하려면 체력이 뒷받침되어야 하고 중간중간 지치기 전에 간식을 먹는 것이 도움이 됩니다. 수능 도시락으로는 평상시 먹던 음식을 준비하는 것이 가장 좋습니다. 소화가 잘되는 음식이 좋다고 평상시에 잘 먹지 않던 죽을 먹으면 오히려 역효과가 나기도 합니다. 그것보다는 수능 3일 전부터 소화가 잘 되는 음식을 섭취해야 합니다. 예민한 학생들은 시험 일주일 전부터 긴장을 하거나 스트레스를 받아서 소화불량에 시달리기도 합니다. 따라서 수능 당일 배탈이 나는 사고를 방지하기 위해서는 수능 3일 전부터는 소화가 잘되는 음식 위주로 섭취하는 것이 바람직합니다. 긴장을 한 채로 장시간 앉아 있다 보면 많이 지치고 체력이 달리게 됩니다. 따라서 중간중간 당을 섭취하는 것도 좋은데 간단한 초콜렛이나 에너지바를 준비해서 쉬는 시간에 조금씩 먹으면 좋습니다.

고등학교 공부는 시간 관리가 관건

　고등학교 공부는 중학교 공부와는 차원이 다릅니다. 성취평가로 매겨지던 학교 안 경쟁이 이제는 전국단위로 확대된 것은 물론이고 시험 범위 또한 중학교 범위와는 비교가 불가능할 만큼 어마어마합니다. 전 과목 평균 점수나 원점수 백점의 의미가 매우 다른 성적 시스템이라서 성적 시스템을 이해하는 것이 무엇보다 중요합니다. 과목별 단위수가 다르게 적용되기 때문에 전체 평균이 90점이라도 중학교 평균 90점과는 완전히 다르게 해석해야 합니다. 전 과목 평균이 90점인 학생이 고등학교에 와서는 4등급 이하가 되기도 합니다. 고등학교 공부는 결국 시간 관리를 누가 효율적으로 하는지에 달려 있습니다. 고등학교 생활은 시험과목도 늘어난 데다가 학습량도 어마어마하고 끊임없는 수행평가가 이어지는 날의 연속입니다. 내신만 신경 쓰면 되는 중학교와 달리 내신과 모의고사까지 준비해야 하기 때문입니다. 따라서 누구에게나 동일한 하루 24시간을 어떻게 잘 관리하는지가 매우 중요한 합격의 비결입니다. 고2까지는 수능 전 진도가 공부가 완성되어 있어야 하고 고3 때는 새롭게 내용을 배우기보다는 이미 공부한 내용을 철저히 점검하고 내가 부족한 부분이 어디인지 파악하여 그 구멍을 메워서 다져 나가야 합니다. 고등학교 3년 교육과정을 실질적으로는 2년 안에 공부해야 하기 때문에 결국 시간과의 싸움인 것입니다.

철저한 시간관리와 진짜 나만의 공부시간 확보, 일, 주, 월, 학기, 년 단위 계획표를 구체적으로 세워서 실천해야 합니다. 학교수업에 충실해야 하는 것은 기본이고 부족한 과목은 학원이나 인강을 통해 채워 나갑니다. 무엇보다 중요한 것은 그 수업의 내용을 온전히 내 것으로 만드는 나만의 공부 시간 확보인데 아무리 수업을 열심히 들었더라도 망각의 동물인 인간은 오래 기억하지 못합니다. 철저한 시간 계획으로 나의 기억이 장기 기억으로 저장되는 반복의 텀을 영리하게 활용하여야 합니다. 결국 공부는 과학입니다. 과학적 근거가 뒷받침된 뇌과학 기반 학습법을 잘 활용하는 것이 중요한 이유가 바로 이것이라고 할 수 있습니다. 시간은 누구에게나 동일하고 한정된 조건이기 때문에 이 조건에서 남들보다 우수한 결과를 원한다면 무조건 열심히만 하는 것보다는 영리하고 효율적 공부를 해야 합니다. 그것이 바로 뇌과학과 심리학에 대한 내용이 이 책 전반에 걸쳐 소개되고 있는 이유입니다.

입시용어 총정리

고등학교 모의고사 성적표에는 과목 별로 원점수, 표준점수, 백분위, 등급이 표시되고 절대평가 과목인 영어와 한국사는 원점수와 등급이 표시됩니다. 원점수와 표준점수 같은 생소한 용어에 성적표를 읽는데 어려움을 겪는 학부모님들이 의외로 많습니다. 입시를 처음 경험하거나 입시 제도가 궁금한 예비 고등학생 부모님들이 반드시 이해해야 하는 입시 용어들은 다음과 같습니다.

수시전형

학생의 다양한 능력과 잠재력, 발전가능성, 학업역량을 반영하는 선발 방식으로 수능 정시전형에 앞서 대학이 선발하는 전형입니다. 수시모집에서 합격한 학생은 정시전형에 지원이 불가능하고 수시에서 미달된 인원은 정시모집으로 이월하여 선발합니다. 학생부 교과, 학생부 종합, 논술 실기 전형이 있습니다. 수시에서는 최대 6회 지원이 가능합니다.

정시전형

대학수학능력시험 성적으로 선발하는 방식입니다. 수능 성적 발표 이후 가, 나, 다군중 각 1번회 씩 총 3회 지원할 수 있고 수시전형 이후에 실시됩니다. 결원이 생기면 추가 모집을 실시하여 보충하는데 합격자 등록 마감 이후인 2월에 주로 실시합니다.

복수지원

수시의 경우 최대 6번, 정시의 경우 가, 나, 다군 별 한 번씩 총 3번의 지원이 가능합니다. 전문대학, 산업대학, 특수대학의 경우는 제한 없이 복수지원이 가능합니다.

특수대학

특별법 또는 개별법령에 의해 설립된 대학으로 교육부 산하 기관이 아니기 때문에 다른 대학과 달리 입시에서 제한을 덜 받는 편입니다. 수시 6회 제한이 미적용되고 이와 같은 대학에 합격한 후라도 다른 대학에 정시지원도 가능합니다. 반대로 다른 대학에 수시합격을 한 후 에도 지원이 가능합니다. 카이스트, 유니스트, 지스트, 디지스트 경찰대학교, 공군사관학교, 해군사관학교, 육군3사관학교, 육군사관학교, 국군간호사관학교, 한국예술종합학교, 한국에너지공과대학교가 있습니다. 경찰대, 육사, 공사, 해사는 자체적으로 국영수 시험을 치르고 수능과 내신을 반영합니다.

원점수

시험문항에 해당하는 배점을 그대로 합산한 점수를 말합니다. 모의고사 및 수능에서 국어, 영어, 수학은 100점이 만점이며 한국사, 탐구, 제2외국어 및 한문은 50점 만점입니다.

표준점수

자신의 원점수가 평균으로부터 얼마나 떨어져 있는지를 나타내는 점수입니다. 영역별 난이도 차이를 반영하여 상대적인 성취 수준을 알 수 있습니다. 평균이 낮을수록, 난이도가 높을수록, 표준편차가 적을수록 표준점수는 올라갑니다. 즉, 시험이 어려울수록 같은 원점수라도 표준점수는 높게 나오고 시험이 쉬울수록 낮게 나옵니다.

백분위

자신보다 점수가 낮은 학생이 얼마나 있는지를 보여주는 수치로 가령 자신의 표준점수가 90점이고 백분위 80이라면, 90점보다 낮은 표준점수를 학생들이 전체의 80%라는 뜻이고 따라서 나는 상위 20%라는 것을 의미합니다.

등급

표준점수를 9개의 등급으로 나눈 것으로 9등급 기준표는 다음과 같습니다.

등급	1	2	3	4	5	6	7	8	9
누적 비율	4%	11%	23%	40%	60%	77%	89%	96%	100%

변환표준점수

대학에서 자체적으로 변환하여 산출하는 표준점수로 탐구과목에서 과목별 난이도 유불리를 반영, 이를 최소화하기 위한 제도입니다. 주로 상위권 대학에서 실시합니다.

수능최저학력기준

수시전형에서 수능 대학별 일정 기준수준의 학력을 요구하는 제도로 학교가 요구하는 기준을 미달하는 경우 불합격 처리됩니다. 고려대 수시 인문계열 학교추천전형에서는 최저학력 기준을 3개 영역 등급 합 6에서, 2024년 대입에서는 합7로 변경되는 등 수능 최저 기준이 완화되는 추세입니다.

대입 전형 자세히 알아보기

대입에는 크게 수시와 정시 두 가지 전형이 있고 수시는 학생부 교과전형, 학생부 종합전형, 논술전형으로 나눠지고 정시는 수능전형입니다. 각각의 특징과 평가방식을 정확하게 알고 있어야 유리하게 지원을 할수 있으므로 고3이 되기전에 어떤 전형이 가장 유리한지 알아가는 것이 좋습니다.

학생부 교과전형

2024년 기준 전국대학 전체 모집정원의 44.8%를 선발하는 가장 규모가 큰 전형입니다. 전국으로 보면 가장 규모가 크지만 주요 대학에서의 비중은 그보다 낮습니다. 교과전형에서는 무조건 내신성적입니다. 생활기록부의 창의적 체험활동이나 세부특기 사항같은 주요 내용들이 중요하지 않고 교과성적이 절대적입니다. 출결상황과 봉사활동을 활용하기도 하지만 그 비중은 낮기 때문에 크게 신경쓰지 않아도 됩니다. 생활기록부를 100% 반영하는 학교가 많고 생활기록부와 면접전형을 같이 하는 학교들도 있지만 면접의 비중은 크지 않습니다. 내신 성적이 최상위권인 학생들이 지원하는 전형인 만큼 지원율이 종합 전형에 비해 낮아서 합격 가능성을 대략 예측할 수 있습니다. 비교과를 반영하는 종합 전형에 비해 내신을 점수화하는 정량평가방식이고 학교생활에 충실한 최고 모범생들, 화려하고 다양한 활동을 하지 않으면서도 자신의 공부를 충실하게 한 학생에게 최적의 전형이라고 할 수 있습니다. 수능최저학력을 요구하는 학교들이 있어서 교과성적에 수능점수를 어느 정도는 반영합니다. 이는 학생의 기본 학습능력을 파악하기 위해서입니다. 학교 내신 공부만 잘하는 것이 아닌 수능 같은 종합적 학습 능력을 검증한다는 의미입니다.

학생부 종합전형

일명 학종이라 불리는 학생부 종합전형은 2024년 기준 전체 23%를 차지하지만 상위권대학으로만 보면 45%가 넘는 비중이 매우 큰 전형입니다. 상위권 학생들은 반드시 염두에 두고 준비해야 하는 중요한 전형이지요. 학생부 종합전형은 말 그대로 종합적인 평가제도인데 교과와 비교과영역을 모두 평가합니다. 교과성적이 조금 부족하다면 다양한 활동을 통해 자신의 능력과 가능성을 보여주어야 합니다. 수험생들이나 학부모들은 주로 대학교 홈페이지에서 입학 관련 카테고리만 보는 경우가 많은데 각 학교별로 추구하는 인재상이나 학교 이념, 희망학과 및 커리큘럼, 교수님들의 연구방향, 학교에서 실시하는 다양한 프로그램 등을 꼼꼼히 확인하고 그 학교에 맞는 생활기록부로 채워 나가야 합니다. 입학사정관들은 생활기록부를 통해 학생을 파악하고 우리 학교와 맞는 인재인지를 판단하기 때문입니다.

학업역량, 발전가능성, 전공적합성, 잠재력, 인성 등의 평가항목을 미리 철저히 파악하여 그에 맞는 인재로 브랜딩하는 전략이 필요합니다. 1단계 서류 평가에서는 보통 2-3 배수로 선발하는데 교과성적, 전공 관련된 과목의 수강 여부와 성적, 세부능력 및 특기사항, 행동발달, 종합의견까지 모두 중요하게 작용합니다. 고등학교 3년간의 생활이 모두 기록된 생활기록부에는 일관된 방향성이 보여야 합니다. 목표가 막연하거나 진로가 결정되지 않은 채 교과성적만 우수한 학생보다는 구체적인 진로를 설정하고 그에 맞는 활동과 학업을 하고 있다는 것을 보여주어야 합니다. 학교생활에 충실하고 적극적으로 임하는 모습을 일관되게 보여준다면 담임 선생님뿐 아니라 세특을 기록해주는 과목 선생님들께도 좋은 인상을 줄 수 있습니다. 담임 선생님이 가장 오래 학생을 지켜보긴 하지만 과목 선생님들도 매 수업마다 학생을 관찰하고 또한 3년 간 여러 명의 과목 선생님들이 코멘트를 작성하기 때문에 어찌 보면 여러 선생님들의 종합적인 평가라고도 할 수 있습니다.

논술전형

논술 전형은 수능 이후에 대부분 치러집니다. 수능을 보고 난 후 성적을 확인하고 논술시험을 갈지를 결정하는 경우가 이 때문이기도 합니다. 11,000여명을 모집하는 논술전형은 수도권 대학을 기준으로 10%가 넘는 비율이기 때문에 무시할 수 없는 중요한 전형입니다. 논술전형은 논란이 계속 있었고 단계적 폐지도 거론되기도 했지만 2024년 대입에서는 오히려 비중이 소폭 상승합니다. 생활기록부가 부족하더라도 짜릿한 한 방을 노릴 수 있는 전형으로 자신의 성적보다 보통은 상향 지원을 많이 합니다.

논술전형에서도 학생부를 반영하긴 하지만 내신 등급 간 반영 점수 차이가 크지 않아서 내신성적이 좋지 않은 상위권 학생들이 선호하는 전형이기도 합니다. 대부분 수능 최저학력기준을 적용하고 있어서 정시 준비하는 학생들도 수시 논술전형의 기회를 놓치지 않는 것이 좋겠습니다.

2022년 성균관대 약대의 경우 논술전형이 666:1의 엄청난 경쟁률을 보였습니다. 높은 경쟁률이 부담스럽긴 하지만 그래도 꼭 염두에 두어야 할 전형입니다. 재수, 반수생들과 내신이 불리한 특목, 자사고 및 상위권 일반고의 최상위권 학생들이 선호하는 전형이라는 인식이 많은 것도 사실입니다. 중요한 점은 '논술만 잘하는 경우는 없다!' 는 것입니다. 인문 논술과 수리논술 두 가지 종류의 시험에서는 방대한 인문, 논술, 철학, 언어, 수리, 과학 등 다양한 배경지식를 요하는 문제들이 출제 되는데 이는 고등학교 교과과정을 충실히 준비한 학생이 잘 할 수 있습니다.

수능전형

수능성적으로 선발하는 정시전형입니다. 2024년 전국 대학에서 약 21%의 학생을 선발합니다. 최근 정시 비중이 점점 높아지고 있는 추세이며 수도권 대학 정시 모집인원은 2024년 35%나 됩니다. 전체 비율로 보면 여전히 수시전형으로 선발하는 수가 많지만 절대로 수능준비를 소홀히해서는 안됩니다. 수시에 올인하는 학생들은 학생부 관리와 각종 활동같은 비교과활동에 전념하느라 수능 준비를 소홀히 하는 경우가 있는데 수시 원서 접수가 마무리 되고 나서 수능 당일까지는 매우 많은 시간이 남아 있음을 잊지 말아야 합니다. 따라서 이 시간을 절대로 허투루 쓰지 말고 시험 준비에 전념해야 합니다. 수능시험의 광범위한 시험 범위와 단원별 연계, 융합 문제들은 단시간에 공부해서 절대 높은 성적을 기대할 수 없습니다. 논술전형의 경우와 같이 내신 공부를 충실하게 한 학생이 수능에서도 좋은 성적을 얻을 수 있습니다. 단언컨대 정시만 잘하는 경우는 절대로 없습니다. 수능을 출제하는 한국교육과정평가원의 모의고사를 철저하게 공부하고 분석하여 실제 수능 난이도를 예측하는 것이 좋습니다.

더 중요해진 생활기록부

앞장에서 고입을 위한 중학교 생활기록부에 대해 설명했지만 보다 자세히 고등학교 생활기록부에 대해 알아보겠습니다. 중학교 생활기록부와 동일한 형식으로 기재되지만 그 중요도는 훨씬 큽니다. 학생부 종합 전형은 상위권 대학의 수시전형에서 매우 중요한 부분이기 때문에 교과와 비교과를 충실하면서도 완성도 있게 채워가야 합니다. 2024년 대입에서 반영되는 생활기록부 기재 내용이 대폭 축소되었는데 자신을 어필할 수 있는 부분들이 빠졌다고 많은 학생과 학부모님들이 아쉬워 합니다. 하지만 빠진 부분에 대해 아쉬워할 것이 아니라 나머지 반영되는 부분의 완성도를 더 높이는 전략이 유효합니다.

2023년도 대입에서는 반영되었으나 2024년에는 미반영되는 사항은 다음과 같습니다.

▷ 교과영역 : 영재, 발명교육 실적
▷ 비교과영역 : 자율동아리활동 /청소년 단체활동/개인봉사활동실적/수상기록/독서기록

교과영역에서는 과목당 500자로 과목 선생님들이 수업 시간의 참여도, 적극성, 수행평가, 보고서, 과제 등 학생의 활동을 기록합니다. 선생님들은 교과 세부특기사항의 한 줄이 얼마나 대입이 중요한지 누구보다 잘 알고 있기 때문에 학생을 한 명 한 명 자세히 관찰하고 소통하며 학생을 면밀하게 평가합니다. 따라서 수업 시간에 충실해야 하는 것은 물론이고 학습에 연관된 구체적인 주제로 탐구발표나 조별토론, 프로젝트 학습 같은 다양한 방식으로 수업에 참여하면 좋습니다. 과목별 선생님과의 적극적인 소통과 좋은 수업 태도는 좋은 이미지로 기억되어 생활기록부가 완성도 있게 채워질 수 있습니다.

독서 기록이 미반영되기 때문에 어찌 보면 미반영은 독서를 제대로 한 학생에게는 더 좋은 기회이기도 합니다. 학습에 연관된 다양한 책을 읽

고 수업 시간에 관련 내용을 발표를 하거나 연계 질문을 하는 활동도 매우 좋습니다. 형식적으로 독서 기록만을 기재하던 기존 방식에서는 책을 실제로 읽었는지 확인할 방법이 없었기 때문에 논란의 여지가 있었던 것이 사실입니다. 그래서 면접을 통해서 독서에 관련된 질문을 하기도 했지만 실제로 독서 질문 비중은 낮은 편입니다. 진로와 관련된 관심 있는 분야의 책을 읽고 적극적으로 수업시간에 책에 대해 토론과 발표를 하는 학생이라면 담당 선생님도 최선을 다해 좋은 기록을 남겨 줄 것입니다. 전공에 관련된 독서만 집중하기보다는 다양한 분야의 책을 두루 읽고 독서감상문이나 기록을 남겨두면 더 좋은 평가를 받습니다.

좋은 생활기록부 예시

교과세특

수학적 개념을 수월하게 받아들이며 지적 호기심이 대단한 학생으로 수학적 사고력이 매우 탁월함. 함수의 극한을 이용해서 순간 변화율을 정의하는 것으로부터 순간속도의 개념을 수학적으로 설명하는 점에 흥미를 느끼고 고등학교 교육과정에서 배우지는 않지만 극한의 개념을 확장하여 무한소의 개념을 이해하려고 노력하는 모습을 보이는 등 능동적인 학습태도와 학문을 즐기는 태도가 매우 인상적임

비교과 영역에서 동아리 활동에서는 연간 500자로 학교에 등록된 정

규 동아리 활동만 기록됩니다. 기존에는 자율 동아리 활동도 반영했지만 2024년부터는 정규 동아리활동만 인정되는 것입니다. 소논문 기재, 청소년 단체 활동 역시 기재가 불가능합니다. 2023년에는 청소년 단체 활동 시 단체명은 기록이 가능했는데 이제는 활동 자체가 삭제됩니다. 진로활동에서는 연간 700자로 학생의 특기와 진로에 맞는 활동을 기록합니다. 700자라는 제한된 글자 수 안에 진로 희망과 연계된 구체적 활동을 표현하는데 진로 박람회, 학교나 학과 탐방 프로그램, 학술제, 선배와의 대화 같은 프로그램을 많이 하는 편입니다. 이런 활동에 이어서 독서 활동을 하거나 독후감 작성, 탐구발표같은 이어지는 후속 활동은 매우 좋은 진로활동이 됩니다. 일회성이 아닌 꾸준하고 지속적인 진로탐색을 했다는 것을 보여줘야 하겠습니다. 교사가 학생을 관찰하면서 활동과 태도 및 참여도를 기록하기 때문에 성실한 태도와 학습 역량을 잘 드러내야 합니다. 학생부 종합전형에 중요했던 수상기록을 위해 교내 대회 준비를 하고 수상을 꼭 해야 한다는 부담이 사라지게 되었습니다. 그동안 학업 역량을 나타낼 수 있는 중요한 항목이었지만 2024년부터 배제되었기 때문에 무엇보다 교과 성적이 더 중요해졌습니다.

진로활동에 대한 생활기록부 예시

외국어 공부에 관심이 많은 학생으로 해외와 소통하는 분야 및 외국계 기업관련 진로에 관심을 보임 타고난 적극성을 바탕으로 학습학생 및 교사와 활발하게 교류하는 모습이 인상적임. 영어 교과공부에 힘쓰는 등 자신의 타고난 진로적성을 갈고 닦는 노력을 보여줌. 다양한 미래직업 찾아보기 활동에서 인공지능 소프트웨어 개발자에 대해 찾아보고 정리함. 인공지능 활동을 통제하고 관리하는 시스템 개발관련 직종에도 시야을 넓힘

수험생 스트레스 관리법과 루틴 만들기

　많은 수험생들을 지도하면서 가장 절실하게 필요한 것이 무엇인지 깨달았습니다. 그것은 바로 체력입니다. 수능은 장시간 치러야 하는 힘든 시험이고 고도의 집중력을 발휘해야 합니다. 두말하면 입 아픈 이야기지만 꾸준한 운동을 통해 체력을 꼭 길러야 합니다. 또 한가지 중요한 점은 스트레스를 잘 다스릴 수 있어야 한다는 것입니다. 스트레스를 풀지 못한 채 가슴속에 꾹꾹 담아두기만 하면 공부에 지쳐있는 몸과 마음이 감당하지 못합니다. 번아웃이 오거나 몸이 아프게 되는 등 스트레스가 쌓이는 결과는 매우 큽니다. 가장 좋은 방법은 운동을 통해 스트레스를 풀어주는 것인데 운동을 하면 체온도 상승되고 땀을 쭉 흘리게 되어 매우 효과적입니다. 거창하게 생각하지 말고 매일 스쿼트 50개씩만 꾸준히 해도 됩니다. 운동에 부담을 가지게 되면 오히려 하기 싫어집니다. 이것은 앞에서 설명한 긍정 정서와 일치하는 내용이기도 합니다.

　운동으로 스트레스를 풀면 가장 좋지만 꼭 운동일 필요는 없습니다. 자신만의 방법을 찾으면 되고 좋아하는 음악을 듣거나, 게임을 해도 좋습니다. 자신만의 취미생활이 있다면 그것을 통해 스트레스를 푸는 것입니다. 또 한 가지 중요한 것은 공부 시간 외 휴식 시간에는 충분히 쉼에만 집중을 해야 한다는 것입니다. 쉬면서조차 공부 생각을 하고 시험 걱정을 한다면 그것은 쉼이 아니라 공부의 연장이 됩니다. 공부도 열심히 해야 하지만 쉬는 것도 '열심히 집중해서 쉬어야' 내 몸에 가장 효과적이기 때문입니다. 공부 공간과 휴식 공간을 분리하기에 대해 현장 강의하면서 많이 이야기하는데 집에서는 충분히 휴식만 취하게 하는 것이 좋습니다. 학교와 학원, 독서실에서 이미 충분히 공부를 하고 왔기 때문에 굳이 집에서까지 공부를 하지 않아도 괜찮습니다. 집에 오는 순간 '아! 이제 쉬는구나! 쉴 수 있는 공간이구나!' 라고 뇌가 느껴야 합니다. 그러기 위해서는 최선을 다해 쉬어야 합니다. 열심히 쉬어야 체력도 빨리 회복되고 내일 공부에 더 집중할 수 있습니다.

　아무리 최선을 다해 준비했다 하더라도 수능 시험장에 들어가면 긴장이 되는 것이 당연합니다. 긴장된 상황에서도 평정심을 유지하고 갈고 닦은 실력을 무사히 발휘하기 위해서는 나만의 루틴이 필요합니다. 유명

한 운동선수들은 대부분 심리상담 코치가 있고 중요한 시합 전 루틴을 코치와 함께 훈련합니다. 반복적인 루틴을 통해 스스로 '나는 괜찮다. 나는 잘 할 수 있다. 나는 충분히 준비가 되어 있다!' 라고 스스로에게 학습시키는 것입니다. 반복을 통해 완성된 루틴은 그 어떤 긴장된 상황에서도 흔들리지 않게 단단히 잡아줍니다. 다음의 단계를 통해 시험 전 루틴을 연습해보면 좋습니다.

1. 물 한 모금 마시기
2. 목 좌우 스트레칭 2회
3. 심호흡 천천히 깊게 3회

모의고사나 내신시험을 볼 때 약간의 간식을 준비하고 물은 필수입니다. 작은 텀블러에 따뜻한 정도의 물을 담아 준비해주면 좋습니다. 시험 종이 울리면 감독관이 들어오고 인원수 체크하고, 시험지를 배부합니다. 가장 떨리고 긴장되는 시간을 우리는 훈련된 루틴을 통해 슬기롭게 다스릴 수 있습니다. 첫 번째로 물 한 모금으로 목을 살짝 축여주면 좋습니다. 많이 마시지 말고 목을 살짝 축이는 정도가 가장 좋습니다. 그 다음에 목을 좌우 어깨 쪽으로 쭉 늘려주며 스트레칭을 해봅니다. 긴장을 하면 목과 어깨 근육이 팽팽하게 긴장하는 경우가 많습니다. 충분히 이완을 시켜줌으로써 긴장도 완화하고 시험시간 내내 고개를 숙이고 시험지를 봐야 하는 목을 단련시켜 줍니다. 마지막으로 천천히 깊게 심호흡을 반복합니다. 아마 대부분의 학생들은 심장 박동이 두근두근 소리가 들릴 만큼 긴장을 하곤 합니다. 이럴 때 일수록 심호흡을 깊이 하면 조금씩 심박수가 돌아옵니다.

얼마 전 1,200명을 대상으로 온라인 강의를 진행했는데 라이브 방송인데다가 방송용 카메라가 많다 보니 나도 모르게 긴장을 해서 심장 박동이 빨라졌습니다. 순간 프롬프터가 제대로 안보이고 머리가 멍해지는 느낌을 받았습니다. 마음이 급해진 저는 재빨리 학생들에게 강조하던 이 루틴을 천천히 반복하면서 안정을 찾으려 노력했습니다. 심호흡을 반복하면서 점차 안정감을 되찾았고 리허설과 본 방송 역시 성공적으로 강의를 마칠 수 있었습니다.

제6장
다시 한번 도전하자, 편입의 세계

편입이 왜 유리한가

　대입에서 원하는 대학을 진학하지 못하면 재수를 선택하거나 어느 한 군데 대학에 적을 두고 반수를 하기도 합니다. 재수를 하는 것도 본인의 선택이고 공부 의지만 확고하다면 저는 해보라고 하는 편입니다. 실제로 재수를 하는 학생들은 양극화 현상을 보이고 있습니다. 상위권 수험생들이 재수를 택하는 경우와 아예 점수가 나오지 않아 어쩔 수 없이 재수를 하는 경우 이렇게 두 부류로 나뉘어집니다.

　4등급 이하 학생들에게 좀 더 현실적인 방법을 소개하려 합니다. 바로 '편입'입니다. 수능을 마친 수험생에게 편입 이야기를 하는 것은 너무 이른 것 아니냐고 생각할 수 있습니다. 그러나 대학 입시를 조금만 분석해

보면 금방 알 수 있습니다. 4등급 이하 학생들에게는 재수보다는 편입이 더 효율적인 방법입니다. 왜냐하면 실제로 4등급 이하 학생이 인서울 대학에 진학하는 것은 매우 어렵기 때문입니다. SKY를 목표로 편입을 준비하는 학생들도 점점 늘어나고 고등학교 때 공부에 큰 흥미를 느끼지 못해 좋은 대학에 가지 못했더라도 대학에 가서야 뒤늦게 공부의 맛을 안 학생들도 더 좋은 대학으로 편입을 선택합니다. 수능의 많은 과목과 엄청난 범위를 소화해야 하는 재수에 비해 편입은 상대적으로 소수의 과목을 집중적으로 준비하고 준비시간도 상대적으로 넉넉한 편입니다.

중하위권의 반란

편입이란 일정 자격조건을 갖춘 수험생이 4년제 대학의 3학년으로 진학하는 것인데 대부분의 대학의 편입학 전형에서 전적 대학의 학과에 상관없이 다양한 학과로 편입이 가능하다는 것도 매력적인 부분입니다. 편입에는 일반편입과 학사편입 두 가지 유형이 있는데 우리가 주목해야 하는 것은 바로 일반 편입입니다. 수능에서 1, 2등급의 상위권 수험생들은 편입시험을 준비하는 경우가 거의 없습니다. 상위권 주요 대학의 합격 기준보다 낮은 3등급 이하의 지원자들과 경쟁하는 구도입니다.

수능전형은 단 1번의 시험으로 당락이 결정되고 실패 부담이 매우 큰 반면 편입은 대학별로 개별시험을 치르고 횟수 제한이 없기 때문에 무제한 지원이 가능하다는 것도 주의깊게 봐야합니다. 따라서 추가합격의 기회도 훨씬 많습니다. 전적 대학에서 충실히 전공 공부를 해서 학점 관리를 철저히 하고 학업계획서나 자기소개서에 넣을 다양한 활동을 충실하게 해두면 좋습니다. 토플, 토익, 텝스 같은 공인영어시험을 꾸준히 공부하는 것도 좋은 방법입니다. 대학 신입생 때는 많은 학생들이 입시에서 벗어나 자신이 하고 싶었던 것을 마음껏 하며 즐겁게 노는 경우가 많은데 이때가 바로 기회가 되는 것입니다. 조금은 풀어져서 고등학교 때보다 덜한 노력으로 시험을 치르기 때문에 조금만 더 노력하면 좋은 학점을 받을 수 있습니다. 대부분 대학에서 편입영어와 편입수학 시험을 실시하는데 편입영어는 공인영어시험과는 달리 듣기시험이 없습니다. 난이도가 높은 편이라 꾸준히 어휘공부와 문법, 구문, 독해 연습을 해야합니다.

주요대학 편입전형

약 50개 대학에서 편입으로 학생을 선발하는데 약 17,000여명을 선발합니다. 그중 상위권 대학인 연세대와 고려대는 2023년 편입모집에서 각각 290명, 304명을 선발했습니다. 이는 작년 대비 45명, 125명이 늘어난 수치입니다. 편입전형을 자세히 살펴보면 학교별로 조금씩 상이하지만 기본적으로 전적 대학의 성적과 서류로 평가합니다. 1단계 전형에서 공인영어를 반영하는 학교도 있고 편입영어, 편입수학시험을 실시합니다. 연세대학교의 경우 1단계에서 필기시험 100%를 반영하고 2단계에서 1단계 점수 100과 서류 50 (자기소개서와 학업계획서)을 합산하여 반영합니다. 면접을 치르는 학교도 있지만 그 수가 많지는 않습니다. 면접 비중이 가장 큰 학교는 서울과기대로 2단계에서 인문계열 공인영어 100+ 면접 50, 자연계열 공인영어 100+수학 100+면접 50을 반영합니다.

　대학별로 거점 지역 연계대학을 우선 선발하는 경우도 있으니 꼼꼼하게 요강을 확인하고 대비하는 것이 좋습니다.

제7장
엄마독립과 평생학습

저 역시 그랬고 모든 수험생 자녀를 둔 엄마라면 입시를 치르고 나서 대학생이 된 자녀를 보면서 후련하기도 하고 기특하기도 하고 서운하기도 하는 등 여러 가지 감정이 교차하게 됩니다. 특히나 열혈 엄마였다면 그 상실감과 허탈함은 이루 말할 수 없이 크고 깊습니다. 아이가 잘 자라서 성인이 되어 가는 과정을 지켜보는 것은 엄마로서 매우 보람되고 감사한 일이지만 그에 비해 점점 엄마의 존재감이 없어지는 것 같은 느낌을 받게 되고 그 허전함을 주변에서는 잘 이해해주지 못하는 경우가 많습니다.

'이제 자유세상이네!', '그동안 고생했으니 마음껏 하고 싶은 거 하고 살아.' 라는 말들은 마음에 전혀 와닿지 않습니다. 사람마다 개인차는 있지만 유독 외동아이 엄마가 이 감정을 많이 느끼는 편입니다. 자녀가 하나뿐이라서 더욱 열정을 쏟아 부었고 내 분신과도 같은 존재이기 때문입니다.

빈 둥지 증후군

2020년 세계보건기구는 '빈 둥지 증후군'같은 우울증이 인류를 괴롭게 하는 세계 2위의 질병이 될 것이라고 발표했을 만큼 우울감, 상실감, 공허함은 그 심각성이 큽니다. 자녀 교육 열기가 뜨거운 우리나라에서 생각보다 많은 엄마들이 이 증상으로 힘들어하고 있습니다. 게다가 입시를 마친 엄마들은 대부분 연령대가 40대 중반이므로 시기적으로 갱년기와 맞물리면서 그 증상이 더욱 악화되기도 합니다. 심리적 상실감과 우울감은 이유 없이 몸이 아프고 수면장애를 유발합니다. 쉽게 짜증이 나거나 어떤 일에도 흥미를 느끼지 못하기도 하고 항상 피곤함을 달고 삽니다. 이러한 증상들은 병원을 찾아가도 특별한 이유를 찾기 못하는 경우가 대부분이기 때문에 본인의 적극적인 의지와 주변의 도움이 반드시 필요합니다.

끊임없는 자기계발과 평생학습

입시를 열정적으로 돕고 아이의 명문대 진학을 위해 노력했던 엄마라면 가장 자신있게 할수 있는 일이 교육 관련일 것입니다. 저 역시 출산과 육아를 거치면서 경단녀가 되었지만 열심히 아이를 뒷바라지하다 보니 그 과정들이 하나하나 쌓여 저의 강력한 커리어가 되었고 수많은 학생들을 지도하게 되었으며, 엄마들을 상담하고, 학습코칭강의를 하게 되었고 지금 이렇게 글까지 쓰고 있습니다.

우리나라는 이미 고령 사회에 접어들었습니다. 국제연합의 기준에 따르면 전체 인구에서 65세 이상 인구 비율이 7% 이상이면 고령화 사회, 14% 이상이면 고령 사회, 20% 이상이면 초고령사회로 분류합니다. 우리 나라는 유래를 찾아보기 힘들 만큼 빠르게 고령화가 진행되고 있고

2017년 이미 14%를 넘어 고령사회에 진입했으며 평균 기대수명 역시 늘어났습니다. 2021년 통계청 조사에 따르면 여자의 기대수명은 86.6세, 남자는 80.6세로 남자보다 6년이나 길고 우리나라의 평균 기대 수명이 80세 이상이 되면서 선진국 수준에 도달했습니다.

고학력, 경단녀들의 재취업은 현실적으로 쉽지 않습니다. 아이가 성인이 되고 독립을 해서 시간적 여유가 생겼지만 막상 무엇을 해야 할지 어떻게 시작해야 할지 막막하기만 합니다. 평균 기대 수명을 생각해보면 50세 기준으로 했을 때 앞으로 30년 이상을 살아야 하고, 이는 달리 보면 제2의 인생을 시작해야 하는 출발점이기도 합니다. 남은 30년 이상의 시간을 아무 것도 하지 않고 지내기엔 너무나 아깝습니다. 시간적 여유가 생기는 이 시기에 종교활동이나 봉사활동을 열심히 하는 엄마들이 많습니다. 이 또한 의미 있는 일이고 보람있는 일입니다. 하지만 고학력, 고스펙 경단 엄마들, 육아와 교육에 열정을 다했던 엄마들이라면 그 이상의 일도 충분히 할 수 있습니다.

잘하고 좋아하는 일을 하면서 경제적 보상까지 따라온다면 제 2의 인생은 더욱 활기차 질것이라 확신합니다. 그들에게 새로운 진로를 탐색하고 방향을 제시하는 것이 이 책의 궁극적 목표입니다. 좋은 학교 진학을 위한 입시가 최종 목표라고 생각해 이 책을 읽은 독자들은 의아할 수 있겠습니다. 하지만 입시가 최종 목표인 사람은 엄마가 아닌 바로 당신의 자녀입니다. 아이가 대학생이 되었다면 이제 스스로를 아이와 분리시키고 독립해야 합니다. 아이가 독립하는 것이 아니라 엄마가 독립하는 것입니다. 꾸준한 시대의 흐름을 읽고 좋아하는 분야를 찾는 것도 공부입니다. 늘 곁에서 아이의 공부를 돕고 챙겼다면 자신만의 공부를 시작해보세요. 이제 나를 돌아보고 챙기며 나에게 집중하는 시간을 가져볼 때입니다.

평생을 통한 지속적인 자기 계발과 교육은 이제 필수가 되었습니다. 평생직장의 개념은 이미 사라졌고 우리는 점점 더 오래 살게 되며 사회는 엄청난 속도로 변하고 있습니다. 그 속도에 한번 뒤처지면 따라가기가 힘들어 집니다. 아이에게 쏟았던 열정이 있는 엄마라면 누구나 할 수 있고 무엇이든 잘 할 수 있습니다.

서울시 교육청은 에버러닝 홈페이지를 통해 다양한 시민의 활동지원과 평생학습관 및 도서관을 운영하고 있는데 주변에 정말 많은 평생학습관이 있다는 사실에 깜짝 놀라실 것입니다. 서울에만 21개의 평생학습관에서 다양한 프로그램을 놀랄 만큼 저렴한 가격에 진행하고 있습니다. 이런 혜택을 몰라서 누리지 못한다면 너무나 안타까운 일이 아닐 수 없습니다. 부지런히 에버러닝을 검색해서 자신의 흥미에 맞는 프로그램을 적극적으로 수강하다보면 내가 무엇을 가장 좋아하는지, 어떤 것을 배울 때 가장 심장이 두근거릴만큼 행복한지 보이게 됩니다. 그중에서도 제가 강조하는 부분은 바로 교육분야입니다. 내가 가장 익숙하고 자신 있는 분야를 시작하는 것이 가장 좋습니다. 따라서 교육관련 프로그램을 찾아 수강하고 다양한 자격증도 취득하시는 겁니다. 강남구 여성능력개발원이나 서초여성가족플라자등 많은 구청 유관기관에서는 자격증 과정을 운영하고 있습니다. 찾아보면 정말 다양한 민간자격증이 있습니다. 경력 단절 여성에게 가장 필요한 것은 바로 역량강화입니다. 단절되었던 경력을 보충하고 스펙을 업그레이드함으로써 나를 업그레이드 하는 것입니다. 국가공인자격증이면 더욱 좋지만 민간자격증도 종류가 다양하고 커리큘럼을 잘 분석해보면 정말 양질의 컨텐츠를 찾을 수 있습니다. 동영상 강의만 들으면 자격증을 주는 형식적인 과정이 아닌 내실있는 자격증을 취득하는 것은 내 가치를 올려주는 의미 있는 일입니다.

　최근 초등학교 돌봄 교실이 8시까지 확대되면서 돌봄 전담교사 자격을 준 공무원으로 승격했습니다. 이것은 모든 돌봄교사에게 주어지는 자격이 아니라 엄격한 심사과정을 통해 선발하는데 경쟁 또한 매우 치열합니다. 이뿐만 아니라 지역사회의 연계를 통해 방과 후 교실수업, 진로코칭, 학습코칭, 생태학습,자기주도학습 강의도 다양하게 확대될 것이고 진로전담교사나 생태강사, 학습법 강사 등 다양한 교육분야의 커리어를 쌓을 기회가 매우 많습니다. 이 기회들을 얻기 위해서는 꾸준한 자기 계발과 공부는 필수입니다.

대학의 문턱을 낮추게 해야

1997년에 도입되어 대학을 다니지 않아도 다양한 방법으로 학위를 인정해주는 학점은행제가 어느 정도 자리를 잡아 가고 있습니다. 많은 대학의 평생교육원에서 학점은행제를 통해 다양한 학위과정을 운영하고 있습니다. 20대에 배운 전공지식으로 평생에 걸쳐서 한 가지 직업으로 살아가기에는 생애 주기가 너무나 길어졌습니다. 시대의 흐름을 따라가면서 내 흥미와 진로에 맞는 새로운 교육은 반드시 필요하게 되었습니다. 또한 연령에 구애받지 않고 원하는 공부를 하여 학위를 인정받는다는 점에서 더욱 의미가 있다고 볼 수 있습니다. 실제로 평생교육원에서는 20대에서 60대에 이르기까지 다양한 연령의 수강생들을 만날 수 있습니다. 평생학습진흥이 20년이 넘어가면서 정부는 대학의 문턱을 더 낮추기로 결정했습니다. 한 두달 정도의 단기간 수강이력을 취합하여 학위를 딸 수 있는 제도와 수업을 듣지 않더라도 경력만으로 학위를 취득하는 제도를 만들겠다고 발표했습니다.

이주호 교육부장관은 평생학습은 앞으로 더욱 수요가 많아질 분야이고 지역 대학을 중심으로 변화가 이루어져야 한다고 말했습니다. 학령인구에만 의존하는 것이 아니라 우리나라 인구구조의 허리인 30-50대가 공부할 수 있도록 제도를 마련한다는 계획입니다. 일하느라 바쁜 30-50대에게 공부할 수 있도록 의무적으로 유·무급학습 휴가를 주는 법안을 마련하고 장기적으로 평생학습 휴직제의 도입도 검토한다고 밝혔습니다.

학점은행제

학점은행제는 학교에서 뿐만 아니라 학교 밖에서 이루어지는 다양한 학습과 자격을 학점으로 인정하여 전문대학 또는 대학교와 동등한 학위를 수여하는 제도입니다. 대학 또는 전문대학 및 학점인정 대상학교에서 이수한 학점, 평가인정받은 학습과목을 운영하는 교육훈련기관에서 이수한 학점, 독학사 시험에서 합격한 교과목이나 국가기술자격 시험을 통해 취득한 자격증을 학점은행제에 의한 학점으로 환산하여 인정하는 것을 의미합니다. 이미 학위를 갖고 있지만 새로운 전공분야를 공부하고 싶거나, 대학을 중퇴 혹은 포기한 경우, 대학 졸업장은 없지만 자격취득 등을 통해 실력을 갖추고자 하는 분은 누구나 가능합니다. 단, 고등학교 졸업자나 동등이상의 학력을 가진 사람에 한합니다. 대학교 평생교육원이나 관공서 유관기관에서 학점은행제 수업을 찾아보실 수 있습니다. 강남구 여성능력개발센터에서는 상담학, 심리학, 평생교육사 3개의 학점은행제 프로그램을 운영하고 있는데 비용이 5만 원으로 매우 저렴합니다. 비슷한 커리큘럼의 대학교 평생교육원의 학비가 40-50만 원과 비교하면 정말 합리적인 가격입니다. 강남구민 우선 선발이긴 하나 타 지역 주민도 얼마든지 수강이 가능하니 이런 좋은 기회를 잘 활용하셨으면 좋겠습니다. 공부하는 엄마 밑에서 공부하는 자녀가 나오는 것 잊지 마시기 바랍니다.

창직이란

20대에 공부한 대학교 전공과목으로 평생에 걸쳐 하나의 직업을 갖는 것은 앞으로 더 이상 통하지 않을 것입니다. 시대가 매우 빠르게 변하고 있고 또한 한 개의 직업이 다른 직업과 융합된 새로운 직업이 탄생되고 있는 시대이기 때문입니다. 기존에 없던 직업을 만들어내는 것을 창직이라고 합니다. 창조적인 아이디어를 통해 기존의 직무를 새롭게 세분화하거나 통합하는 과정을 말합니다. 창직은 발견-세분화-통합의 과정을 거치게 됩니다. 우리가 미처 생각하지 못한 것을 찾아내어 기존에 없던 새로운 직업과 직무를 만들어 냅니다. 디지털 장의사나 반려견의류디자이너, 밥상머리 교육사, 업사이클 전문가등은 기존에 없던 새로운 직업입니다. 가장 좋아하고 잘하는 일이 무엇인지, 나의 강점이 무엇인지를 파악하고 남들과는 다른 시각으로 세상을 바라보는 인사이트까지 겸비한다면 차별화된 나만의 창직이 가능해질 것입니다. 빠르게 확장되고 있는 시니어 시장과 10 포켓 키즈들을 위한 교육시장은 무궁무진한 블루오션입니다.

나를 찾아 비상하자

치열하게 살아온 엄마로서의 삶을 이제는 나를 위해 최선을 다해 보셨으면 좋겠습니다. 서초구청에서는 경단녀 지원프로그램 사업으로 나비코치 아카데미를 운영하고 있는데 '나를 찾아 비상하라.' 라는 의미로 '나비코치아카데미'라고 이름을 지었다고 합니다. 정말 멋지고 가슴을 뛰게 하는 말이 아닐 수 없습니다. 나를 찾아 비상하여 훨훨 날갯짓을 하는 나비가 되어보세요. 나비가 되어 더 멋지게 살아가는 내가 되어 보시는 겁니다.

꿈을 찾아 도전하는 엄마들을 진심으로 응원하겠습니다.